Effektizienz

Effektiv arbeiten bedeutet, so zu arbeiten, dass ein Ergebnis erreicht wird. **Effizient** arbeiten bedeutet hingegen, ein Ziel oder Ergebnis mit einem möglichst geringen Aufwand zu erreichen. Effektivität ist also ein Maß für die Qualität der Zielerreichung und Effizienz ist folglich ein Maß für die Wirtschaftlichkeit.
Alles klar? Gut! Der Titel dieses Buches beschreibt somit den ständigen Versuch, diese beiden wichtigen Parameter in Einklang zu bringen. „Effektizienz" bietet eine Vielzahl von sofort anwendbaren und in der Praxis erprobten Vorschlägen, die ohne großen Aufwand zu mehr Effektivität und Effizienz im Alltag führen. „Effektizienz" beschreibt demnach den Weg zu mehr Balance, in einer von vermeintlichen Zwängen geprägten Welt und ist gleichzeitig ein Ratgeber zu mehr Selbstbestimmung und eigenverantwortlichem Erfolg.
Lassen Sie sich von dieser Essenz aus Erfahrungen und Überzeugungen erfolgreicher Manager motivieren und ändern Sie noch heute das, was es zu ändern gilt.

Impressum

Cutting Edge Selection, ein Geschäftsbereich der
Cutting Edge Associates GmbH, Weingartenbergle 58, 70499 Stuttgart
www.cuttingedgeselection.de

1. Auflage 2012
Best.-Nr. 277111
ISBN 978-3-941801-11-0

Umschlaggestaltung und Satz:
Dieter Betz · Design · Kommunikation, Friolzheim
Umschlagfoto: mipanjpg/iStockphoto
Druck: AALEXX Buchproduktion GmbH, Großburgwedel

Oliver J. Mack
Thomas Misch
Gernot Rettig

Effektizienz

40 Aspekte eines vertriebsorientierten Zeit- und Selbstmanagements

Inhaltsverzeichnis

Einführung

Der Ziellose erleidet sein Schicksal – der Zielbewusste gestaltet es.
IMMANUEL KANT

Zeitmanagement: Ist nicht schon alles gesagt?

Nach wie vor ist der Mensch keine Maschine, die nur richtig benutzt und gewartet werden muss und dann störungsfrei funktioniert. Viel zu komplex ist der Mensch, viel zu vielfältig die Anforderungen im Arbeitsleben. In einer immer schnelllebigeren Welt hat man mittlerweile erkannt, dass „schneller – weiter – höher" allein nicht reicht. Nicht umsonst entsteht eine Slowfood-Bewegung, werden Seminare zur Entschleunigung angeboten und erweist sich das richtige Zeitmanagement als Lebenskunst!

Dieses Buch will nicht beraten oder bewerten, sondern wird helfen, den eigenen gesunden Umgang mit der Zeit zu entwickeln. Dabei bedeutet Veränderung nicht einfach nur Anpassung von Stellschrauben, sondern Umdenken und Neuausrichtung. Ganz bewusst werden neben den klassischen Methoden im Umgang mit der Zeit, den Aufgaben, persönlichen Träumen und eigenen und fremden Erwartungen auch die Psychologie des Denkens betrachtet. Warum tun wir die Dinge, wie wir sie tun? Was treibt uns an? Welche Grundsätze bestimmen unser Denken und Handeln?

Ein gut strukturierter Arbeitstag lässt Platz zum Atmen. Als Teil eines großen Ganzen wollen Sie erfolgreich sein, als selbstständiger Unternehmer wollen Sie Gewinne erzielen; das Leben genießen,

Sicherheit erleben und sich etwas leisten können. Geld ist nicht alles, hilft dabei aber ungemein. Doch auch Seele und Körper fordern Zeiten der Entspannung und Regeneration. Welche Aktivitäten führen mir Energie zurück? Was baut mich auf? Wo und wie finde ich zu mir selbst?

Zeitmanagement – gerade als Selbstständiger oder Führungskraft, der häufig keine arbeitsrechtlichen Grenzen gesetzt sind – kann nur funktionieren, wenn das Leben ganzheitlich im Blick bleibt. Arbeit – Beziehungen – Freizeit: ein Dreiklang, der nicht im Widerspruch, sondern im Miteinander steht, wenn es um Leistung und Erfolg geht. Im Umgang mit Kunden und Mitarbeitern geht es um Vertrauen – dazu muss man bei sich sein – ausgeruht, aufmerksam, konzentriert.

Dieses Buch will mehr als Zeitmanagement. Es will helfen, dass es Ihnen gut geht! Es will helfen, effektiv und effizient mit der endlichen Ressource Zeit umzugehen. Dieses Buch will, dass Sie die richtigen Dinge tun, die Ihnen Erfolg und Zufriedenheit geben. Dieses Buch will, dass Sie diese Ziele möglichst leichtfüßig, elegant und ohne Reibungsverluste erreichen. Seien Sie offen für Veränderung – dabei ist weniger manchmal mehr. Noch keiner hat in der Rückschau auf seinen Leben gesagt, „Ich habe zu wenig Zeit im Büro verbracht".

Deshalb: lesen – denken – handeln – (er-)leben.

1 Zeit – eine endliche Ressource

Wenn die Zeit kommt, in der man könnte, ist die vorüber, in der man kann. Marie von Ebner-Eschenbach

Zeit ist die spannendste Ressource, die es gibt. Schwer zu greifen, denn sie ist ständig im Fluss und dabei von keiner Macht der Welt aufzuhalten: Aus Zukunft wird Gegenwart, wird Vergangenheit. Da gibt es kein Halten, nicht mal ein Abbremsen, der Sekundenzeiger tickt, manchmal unbarmherzig schnell, manchmal quälend langsam, aber immer unerschütterlich weiter. Dies ist die eine besondere Eigenschaft der Zeit: Sie ist immer im Fluss.

Die zweite Besonderheit: Wir können Zeit nicht vermehren. Der Tag hat 24 Stunden. Mehr ist nicht. Punkt. Unsere Lebenszeit lässt sich auch nicht wirklich vermehren. Wir können versuchen, gesund zu leben, aber ob wir wirklich einen Einfluss auf die Länge unserer Tage haben, sei dahingestellt.

Vielleicht ist Zeit gerade deswegen ein so entscheidender Faktor für unser Wohlbefinden oder Unwohlsein. Der Umgang mit unserer Zeit ist eine entscheidende Kompetenz, wenn es um die Frage geht, ob unser Leben gelingt – und zwar sowohl beruflich als auch privat.

Wenn Sie effektiv und effizient leben und arbeiten wollen, sollten Sie sich intensiv mit diesem Thema auseinandersetzen – auch und gerade weil es schwer zu greifen ist.

Planen

1. Beschreiben Sie Ihren Umgang mit Zeit.
   Planen Sie mehr oder lassen Sie es einfach fließen?

2. Fühlen Sie sich als „Herr des Verfahrens“ oder haben Sie eher das Gefühl, dass Ihnen Ihre Zeit zwischen den Händen zerrinnt?

2 Ich habe keine Zeit

oder die Frage nach der Selbstverantwortung

„Es ist nicht zu wenig Zeit, die wir haben, sondern es ist zu viel Zeit, die wir nicht nutzen. Lucius Annaeus Seneca

„Ich habe keine Zeit!" – Die Lieblingsausrede für alles, was nicht erledigt, verpasst oder verbummelt wird. Immer wieder gerne genommen. Immer wieder klaglos akzeptiert. Schluss damit! „Ich habe keine Zeit" ist die größte Lüge Ihres Lebens. Wissen Sie warum? Wir haben alle gleich viel Zeit!
Der Einwand, dass die Menschen unterschiedlich lange leben ist ein vermeintliches Gegenargument, dass die einen doch mehr Zeit hätten als die anderen. Aber es greift nicht. Denn wie lange wir leben, wissen wir erst, wenn wir tot sind. Für unsere aktuellen Überlegungen also weder zielführend noch relevant. Daher zurück zum Punkt: Jede und jeder hat gleich viel Zeit.
Also ist die entscheidende Frage nicht: „Wie viel Zeit habe ich?", sondern „Was mache ich damit?" Oft kommt die lapidare Antwort: „Das würde ich auch gerne wissen, wo meine ganze Zeit hingeht." Die gute Nachricht: Es ist gar nicht so schwer herauszufinden. Mit dem Führen eines Zeitprotokolls. Nutzen Sie die Seite rechts (alternativ können Sie auch ein Excel-Sheet nehmen, die Form ist egal) und protokollieren Sie Ihre Tage, mindestens im Halbstundentakt. Wichtigste Voraussetzung: Ehrlich sein.

Schreiben Sie auf, was Sie tatsächlich machen oder eben auch nicht. Es ist nicht verwerflich, wenn Sie herausfinden, dass Sie 14 Stunden die Woche fernsehen. Schwierig wird es dann, wenn Sie diese Tatsache ignorieren, sich fragen, wo Ihre Zeit hingeht und deswegen unzufrieden sind.

Lernen

Beobachten Sie sich selbst. Benutzen Sie manchmal die Ausrede „Ich habe keine Zeit"? Wer oder was schafft es, Ihnen Zeit zu stehlen?

Zeit	Mo	Di	Mi	Do	Fr	Sa	So

3 Individualität

Man sollte nie so viel zu tun haben, dass man zum Nachdenken keine Zeit mehr hat. Georg C. Lichtenberg

Jeder Mensch ist einzigartig. Das mag banal klingen, ist aber gerade beim Thema Zeit- und Selbstmanagement ein wichtiger Aspekt. Es ist ja nicht so, dass es nicht schon meterweise Tipps und Literatur dazu gäbe. Im Gegenteil: Es gibt mehr als ein Einzelner sinnvoll verarbeiten kann. Der Bogen spannt sich von wissenschaftlich fundierten Theorien bis zu „30-minütigen-how-to-quick-fixes". Sicherlich haben Sie auch schon das eine oder andere ausprobiert und es hat mehr oder weniger gut funktioniert.
Deshalb an dieser Stelle noch etwas sehr Grundsätzliches zu diesem Buch: Da wir um die Individualität eines jeden einzelnen Menschen wissen, maßen wir uns nicht an, die allein seligmachende Patentanleitung zu liefern, mit der alle glücklich werden.
Was dürfen Sie dann erwarten? Zwei Dinge:

1. Allgemeine Prinzipien des Zeit- und Selbstmanagements.
2. Ideen zur Umsetzung, die in der Praxis erprobt sind und für viele Menschen funktionieren.

Damit das Ganze funktionieren kann und Sie effektizienter werden, braucht es auch von Ihrer Seite zwei Dinge:

1. Die Bereitschaft, Verantwortung für Ihre Zeit und Ihre Entscheidungen sowie die damit einhergehenden Konsequenzen zu übernehmen.
2. Die Offenheit, sich auf neue Ideen einzulassen und diese unvoreingenommen auszuprobieren.

Wenige, scheinbar nicht allzu komplizierte Voraussetzungen! Sind Sie bereit? Dann starten wir im nächsten Abschnitt mit den richtig unangenehmen Dingen: zum Beispiel Disziplin.

Lernen

Wir alle können viel mehr, als wir denken. Oft stellen wir das erst im Rückblick fest. Herausforderungen wurden gemeistert, Hindernisse überwunden.

Es schlummern Kräfte in Ihnen, mit denen Sie auch Ihr Zeit- und Selbstmanagement effektizienter gestalten können.

Welche Herausforderung stand in den letzten Jahren wie die Eiger-Nordwand vor Ihnen und irgendwann konnten Sie feststellen, dass Sie das Gipfelkreuz tatsächlich doch erreicht hatten?

4 Jeder Gewinn hat seinen Preis

Aller Leistung liegt ein Sieg über sich selbst zugrunde.
Archibald Joseph Cronin

Menschen, die um die Welt reisen und als Globetrotter leben, haben oft kein richtiges Zuhause und wenig langfristige Freundschaften. Großverdiener haben oft wenig freie Zeit. Eltern genießen das Lachen Ihrer Kinder am Morgen, erleben aber auch viel Geschrei und Sorgen in der Nacht. Das ist das bekannte Spiel von den zwei Seiten einer Medaille. Wir fühlen uns in diesem Spiel oft als Verlierer, weil wir bei den anderen nur die strahlende Seite der angenehmen Aspekte des Gewinnens sehen, bei uns selbst aber auf die matte Seite der Kosten fokussieren.

Die Wahrheit ist, dass jede Entscheidung in Ihrem Leben ein sogenannter „Trade-off" ist. Das heißt, um eine bestimmte Sache zu erreichen, müssen Sie etwas einsetzen, auf etwas verzichten, kurz: einen bestimmten Preis bezahlen. Es ist die hohe Schule der „Effektizienz", diese Tatsache zu akzeptieren, aktiv damit umzugehen und bei sich selbst auch die Gewinne zu registrieren.

Disziplin ist ein weiterer Preis, den mancher Gewinn erfordert. Mit dieser These ernten wir bei unseren Vorträgen selten Begeisterungsstürme. Aber das ändert nichts an ihrer Richtigkeit. Viele Menschen, die wir als Gewinner sehen, die die hohe Kunst des Lebens beherrschen, sind sehr diszipliniert. Was leicht von der Hand geht, haben sich viele Menschen über Jahre durch harte Arbeit und eiserne Disziplin erworben. Das gilt auch und gerade für Ihren Umgang mit sich selbst und mit Ihrer Zeit.

Planen

1. Betrachten Sie verschiedene Bereiche Ihres Lebens:
   Beruf, Familie, Freizeit ...
   Betrachten Sie die beiden Seiten der Medaille und beschreiben Sie Ihre persönlichen „Trade-offs".

2. In welchen Bereichen könnten Sie mit mehr Disziplin mehr erreichen? – Als Nebeneffekt entsteht dadurch meist eine größere persönliche Zufriedenheit.

5 Zeit: Raum vs. Strahl

An nichts gewöhnt man sich so schnell, wie an das langsame Arbeiten. Ernst R. Hauschka

Welche Vorstellung haben Sie, wenn Sie an Zeit denken? Kommen Ihnen dynamische Bilder in den Sinn, etwa eine tickende Uhr, oder etwas, das Ihnen davon läuft? Oder ist die Vorstellung verbunden mit einer Reise durch verschiedene Landschaften, durch die Sie sich bewegen? Den meisten von uns wird das dynamische Bild vertraut sein, zum Beispiel eine Sanduhr, in der die Zeit verrinnt. Aber andere Kulturen sind viel stärker geprägt durch das räumliche Empfinden der Zeit. Welche Auswirkung hat dies?
Ein Flug von Hamburg nach Frankfurt, dauert ca. 50 Minuten, der ICE drei Stunden und 36 Minuten. Was geht schneller? Dumme Frage, natürlich der Flug. Das ist die korrekte Antwort, wenn wir die Zeit als dynamische Bewegung empfinden. Doch schauen wir uns den direkten Vergleich genauer an. Beide Flughäfen liegen außerhalb der Stadt, was jeweils 20 Minuten kostet. Für den Check-In, Sicherheitskontrolle und Weg zum Gate müssen nochmals mindestens 40 Minuten eingeplant werden. Tatsächlich dauert der Flug also mindestens zwei Stunden zehn. Die Zeitersparnis schrumpft auf ca. eineinhalb Stunden. Was in der Berechnung jedoch vollkommen außer Acht gelassen wird: Die Reise mit dem Flugzeug ist zerhackt in viele kleine Abschnitte. Im Zug habe ich über dreieinhalb Stunden zusammenhängende Zeit, durchschreite den Raum und erreiche so das Ziel.
Fernöstliche Kulturen sind viel stärker geprägt vom räumlichen Zeitempfinden als wir. Dem Vertragsabschluss gehen Gespräche, Sightseeing, Mahlzeiten und Pausen voran. Dann kommt es plötzlich zum Vertragsabschluss. Was war passiert? Der Raum war durchschritten, die Zeit zur Unterschrift „reif".

Lernen

Unser Zeitempfinden ist geprägt von der Gesellschaft, in der wir leben. Da in unserer Kultur das dynamische Zeitempfinden vorherrscht, werden Geschwindigkeit, Hast und Multitasking betont: Mehr ist besser! Schneller, weiter, höher! Diese Aussagen gilt es zu hinterfragen. Nochmals zurück zum Flug Hamburg-Frankfurt. Der Reisende im Flieger war schneller da – aber war er ausgeruhter, inspirierter und aufmerksamer? Wie waren die Qualität des Geschäftsvorgangs, der Verhandlungen und das damit verbundene Ergebnis?

Lösen wir uns doch von unseren Prägungen und betrachten die Dinge einmal von der anderen Seite: Weniger ist mehr!
Gehe langsam, wenn du es eilig hast! Nicht Quantität, sondern Qualität zählt!

Vielleicht liegt der Gewinn an Effektizienz gerade im gegenteiligen Ansatz unserer bisherigen Überzeugungen?

Ist schneller besser? Was bedeutet „besser" in diesem Zusammenhang?

6 Ziele

Wer ein Warum zu leben hat, erträgt fast jedes Wie.
FRIEDRICH NIETZSCHE

Es ist die alte Frage nach dem „Wohin?“ und nach der Möglichkeit, Einfluss zu nehmen auf den Lauf des eigenen Lebens. Ist alles vorherbestimmt oder bestenfalls „bad karma“ – dann können wir die Frage nach den Zielen und wahrscheinlich auch dieses Buch getrost auf die Seite legen. Dann wäre Effektizienz einfach nur ein gelassenes Ertragen der unabänderlichen Lebensumstände. Und sogar das kann ein Ziel sein, aber dann entscheiden Sie sich bitte bewusst dafür und nicht nur aus Lethargie oder aus einer Opfermentalität.
Für alle anderen gilt die Einladung: Effektizienz heißt zu aller erst, bewusst und selbstverantwortlich zu leben. Und dazu gehört nach unserem Verständnis auch die Frage nach den Zielen, die Frage nach dem „Wohin?“.

Wir haben nur das eine Leben. Wir für unseren Teil möchten etwas daraus machen, verantwortlich leben, nicht unsere Tage verschwenden. Deshalb überlegen wir immer wieder, was wirklich wichtig ist und stellen uns zum Beispiel folgende Fragen:

- Wie soll mein Leben in fünf Jahren aussehen?
- Wofür möchte ich meine Zeit und meine Kraft einsetzen?
- Wofür lohnt es sich zu kämpfen?

Daraus abgeleitet setzen wir uns Ziele, die manchmal mehr, manchmal weniger Stress bringen, aber die bewusst gewählt sind und deswegen dem Grundsatz der Effektizienz entsprechen.

Planen

Machen wir eine einfache – wenn auch ein wenig makabere – Übung:

Kurzform:
Was möchten Sie, dass einmal auf Ihrem Grabstein steht?
Langform:
Was soll der Trauerredner bei Ihrer Beerdigung über Sie sagen?

7 Die Freiheit zu entscheiden

Die Freiheit des Menschen liegt nicht darin, dass er tun kann, was er will, sondern, dass er nicht tun muss, was er nicht will.
JEAN-JACQUES ROUSSEAU

Wir können nicht immer beeinflussen, was uns passiert, aber wir können sehr wohl beeinflussen, wie wir darauf reagieren. Denjenigen, der unkontrolliert und laut reagiert, nennen wir Choleriker. Den Bedachten, Gelassenen nennen wir weise. Was macht den Unterschied zwischen den beiden? Die Gene, die Erziehung, die Persönlichkeit? Sie haben bestimmt einen Einfluss, aber diese Punkte verleiten uns auch wieder dazu, die Verantwortung von uns wegzuschieben, da unsere Gene einfach gegeben sind.
Vielleicht brauchen wir hier einen Paradigmenwechsel, eine grundsätzlich neue Sichtweise. Wir sind davon überzeugt, dass Sie und ich als Menschen grundsätzlich einen Moment der Wahl haben, zwischen dem, was uns passiert (Stimulus) und dem, was wir dann tun (Reaktion). Eine ganz entscheidende Sekunde, die vielleicht sehr viel mehr Einfluss auf den Lauf Ihres Lebens hat, als Sie sich im Moment vorstellen können. Aber wenn Sie etwas ändern wollen, müssen Sie erst mal die Idee für möglich halten, dass Sie Ihre Reaktionen – auch in schwierigen Situationen – beeinflussen können.

Und bitte fangen Sie nicht gleich mit den Extremsituationen an, wenn sich nachts in einer dunklen Straße ein Typ vor Ihnen aufbaut und Sie nur die Wahl zwischen zuschlagen oder wegrennen haben. Sondern eher mit den einfachen, praktischen Dingen des Lebens: Ihr Kind räumt sein Zimmer nicht auf oder Sie bekommen den Geschäftspartner einfach nicht ans Telefon.

Lernen

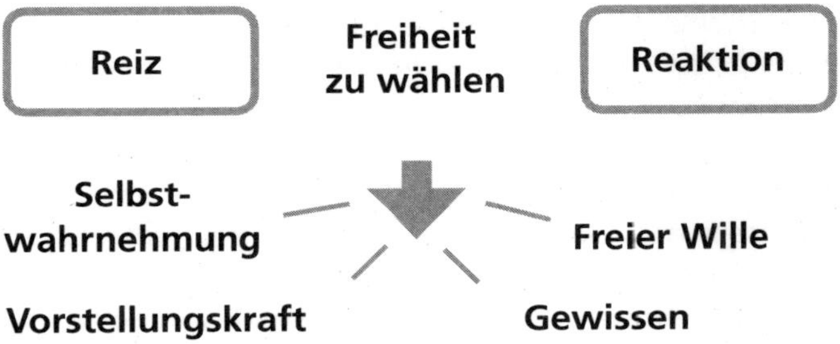

Quelle: Steven R. Covey: 7 Wege zur Effektivität, S. 84

Beobachten Sie sich selbst. In welchen Situationen reagieren Sie nicht so, wie Sie es sich vorstellen, und warum?

8 Forget Time-Management

Es ist nicht gesagt, dass es besser wird, wenn es anders wird, wenn es aber besser werden soll, muss es anders werden.
Georg C. Lichtenberg

Diese Überschrift stammt von Tim Ferris aus dem Buch „Die 4 Stunden Woche". Diese Aussage ist radikal und selbstverständlich wie alle radikalen Aussagen etwas übertrieben. Aber sie enthält viel Wahres. Denn sind wir mal ehrlich: Wohin hat uns denn das aktuelle Zeitmanagement geführt?
Das iPhone verfolgt uns bis auf die Toilette (da sind wir endlich mal ungestört und haben Zeit, die Messages zu lesen), Menschen entschuldigen sich, wenn sie eine E-Mail von Freitag Spätnachmittag „erst" Montagmorgen um acht Uhr beantworten. Auch in wichtigen Sitzungen ist es kaum mehr möglich, die Aufmerksamkeit aller Teilnehmer über eine längere Zeit zu bekommen, da sie immer wieder durch SMS abgelenkt werden. Das ist ein Misserfolg auf der ganzen Linie. Das „Immer mehr in immer weniger Zeit" ist gescheitert.
Also Zeitmanagement vergessen? Nein, aber zurückkommen auf das Wesentliche. Und das lässt sich in einigen wenigen Prinzipien zusammenfassen, die wir im folgenden genauer betrachten wollen.

Noch eine Anmerkung zur Technik: Smartphones sind gute Helfer, sind gute Tools, aber wenn Sie die Prinzipien nicht beachten, sind sie nicht „Help" (Hilfe), sondern „Hell" (Hölle).
Anders gesagt: Auch mit einem banalen Papierkalender können Sie sich selbst und Ihre Zeit exzellent managen.

Welche Hilfsmittel benutzen Sie im Moment um Ihr Zeit- und Selbstmanagement zu organisieren?

Nutzen Sie zwei Systeme, z.B. einen für privat, einen für geschäftlich oder einen am Computer und einen in Papier? Welche Probleme treten dadurch auf?

9 Dringend und wichtig

Man muss Managern nicht nur sagen, was sie tun sollen, sondern mindestens genauso wichtig ist, ihnen zu sagen, was sie nicht tun sollen. PETER F. DRUCKER

Die Grafik rechts zeigt den Zusammenhang zwischen dringend und wichtig.

Unser Problem Nr. 1:
Wir verbringen zu viel Zeit in Quadrant I
Die Ursache: Wir haben schlecht geplant, zu selten „Nein" gesagt und müssen uns nun in aller Hektik um Dinge kümmern, die zwar wichtig sind, aber in der Kürze der Zeit sind die Ergebnisse meist trotzdem suboptimal.

Unser Problem Nr. 2:
Wir verbringen zu viel Zeit in Quadrant III
Die Ursache: Wir surfen ziellos im Netz, verzappen uns vor der Glotze oder lassen uns von jedem neu ankommenden Beep ablenken.

Unser Ziel:
Möglichst viel Zeit in Quadrant II verbringen, was gleichbedeutend damit ist, sich ohne Druck mit den wichtigen Dingen zu beschäftigen. Das ist nicht einfach, im Gegenteil: Es kostet richtig Mühe. Aber es ist der Schlüssel zum Durchbruch, beim Umgang mit Ihrer Zeit.

Wer sich diese Zeiten erkämpft, lebt erfüllter. Warum zeigt folgende Statistik: Ein Manager wird durchschnittlich alle sieben Minuten in seiner Arbeit unterbrochen. Furchtbar. Wie soll da sinnvolle und zielführende Denkarbeit geleistet werden?

Lernen

Die Zeitmanagement-Matrix

	dringend	nicht dringend
wichtig	**I** **Tätigkeiten** Krisen Dringliche Probleme Projekte mit anschließendem Abgabetermin	**II** **Tätigkeiten** Vorbeugung, PK-Tätigkeiten Beziehungsarbeit Neue Möglichkeiten erkennen Planung, Erholung
nicht wichtig	**III** **Tätigkeiten** Unterbrechungen Einige Anrufe Manche Post, einige Berichte Einige Konferenzen Unmittelbare, dringliche Angelegenheiten Beliebige Tätigkeiten	**IV** **Tätigkeiten** Triviales, Geschäftigkeiten Manche Post Einige Anrufe Zeitverschwender Angenehme Tätigkeiten

Quelle: Stephen R. Covey, 7 Wege zur Effektivität, S. 167

10 Das Pareto-Prinzip

Manche halten einen ausgefüllten Terminkalender für ein ausgefülltes Leben. GERHARD UHLENBRUCK

Auch das 80/20-Prinzip genannt. Es bedeutet ganz allgemein: 20% des Inputs sind für 80% des Outputs verantwortlich. Das spannende daran ist, dass dieses Prinzip für praktisch alle Bereiche gilt:

- 80% des Umsatzes werden mit 20% der Kunden gemacht
- 80% der Spenden kommen von 20% der Spender
- Für 80% der Beratung reichen 20% Vorbereitungszeit

Genauso gilt dieses Prinzip für Ihre Zeit: in 20% Ihrer Zeit erzielen Sie 80% der Ergebnisse. Wenn dieses Prinzip richtig ist, wovon wir überzeugt sind, ergeben sich daraus entscheidende Fragen und Konsequenzen:

1. Kann ich die 20% identifizieren?
2. Kann ich die Tätigkeiten innerhalb der entscheidenden 20% verstärken und dadurch meine Ergebnisse überproportional steigern?
3. Kann ich von den 80% etwas einsparen und wirkt sich das wirklich kaum negativ auf das Gesamtergebnis aus?

Wie das immer so ist bei Prinzipien: Es gibt keinen Knopf, den man drücken kann, so dass alles, von jetzt auf gleich, anders und besser wird. Aber wenn Sie bereit sind, hart, konsequent und vor allem langfristig auf Basis dieses Prinzips zu arbeiten und Ihr Verhalten entsprechend zu verändern, dann werden Sie überraschende Ergebnisse erzielen.
Nebenstehend haben wir zu jeder der drei Fragen Anregungen zur praktischen Umsetzung und prinzipienorientierten Weiterentwicklung für Sie zusammengestellt.

Pareto praktisch

1. Die Identifikation der 20% korreliert mit der Zeit, die Sie in Quadrant II verbringen. Vergleichen Sie hierzu Abschnitt 9. Wann arbeiten Sie ohne (Zeit-)Druck an wichtigen Dingen? Auch die Selbstanalyse (siehe Abschnitt 2) kann dabei helfen.

2. Die Antwort auf die Frage 2 ist theoretisch ganz einfach, in der praktischen Umsetzung aber umso schwerer: Sie müssen nur mehr Zeit in Quadrant II verbringen, alles andere ergibt sich automatisch. Quälen Sie sich jetzt noch nicht mit einer schnellen Lösung, helfen werden Ihnen die Prinzipien wie „Termine mit sich selbst" (Abschnitt 19) oder die Verplanung von max. 60% Ihrer Zeit (Abschnitt 21).

3. Wenn das Prinzip richtig ist, wird auch diese Konsequenz funktionieren. Dazu zwei Überlegungen:

   a) mathematisch betrachtet: wenn man 30% von 80% streicht, sind das 24% des Inputs. Wenn diese 80% aber nur für 20% des Outputs verantwortlich sind, dann würde man nur 4,8% des Outputs (24% von 20%) verlieren. Also kein schlechtes Geschäft – wenn Sie bereit sind, auf 5% Ihres Gewinns zu verzichten, dann sparen Sie 25% Ihres Inputs!

   b) praktisch gesehen: Wie viele ach so wichtige Tagungen mit lecker Essen und einer Stadionführung haben Sie schon besucht und der Nutzwert war gering, aber es war ein ganzer Tag (also 20% Ihrer wöchentlichen Arbeitszeit) verloren?

11 Das Wesentliche im Fokus: „Nein“ sagen

Der durchschnittlich Begabte, der sich konzentriert, ist erfolgreicher als das Genie. PAUL DONDERS

Das oben stehende Zitat hat sich vor fast 20 Jahren in mein (Oliver) Denken eingebrannt und ist mir zu einem wertvollen Begleiter geworden.
Es war für mich ein Paradigmenwechsel: Das Maß an Begabung, das ich geschenkt bekommen habe, kann ich nicht beeinflussen. Meine Verantwortung und ein weiterer Aspekt der Effektizienz ist aber, diese Begabung zu entwickeln. Ein Schlüssel dazu: nicht verzetteln, sondern konzentrieren.

Stephen R. Covey beschreibt einen weiteren Aspekt dieser notwendigen Fokussierung. „It's easy to say no, if there is a deeper yes burning inside." „Nein" sagen fällt vielen Menschen nicht leicht, aber es geht definitiv besser, wenn Sie wissen, was und wohin Sie wollen. Wenn Sie ein wirkliches inneres „Ja" zu einer bestimmten Sache haben, können Sie auch zu anderen Themen, die von außen an Sie herangetragen werden, „Nein" sagen.

Das hört sich leicht an, ist es aber gerade dann nicht, wenn diese anderen Themen ebenfalls, wichtig, gut, spannend, interessant, von einem guten Freund ... oder was auch immer sind. Wenn Sie jemand mit irgendeinem Blödsinn nervt, können Sie ihn leicht abwimmeln. Die Herausforderung ist, Ihrem Fokus treu zu bleiben, wenn die Alternative vermeintlich attraktiv oder gar attraktiver erscheint. Deshalb müssen Sie Ihr inneres „Ja", Ihre Ziele, das was Ihnen wirklich wichtig ist, definieren (siehe auch Abschnitt 34).

Planen

Nehmen Sie sich ein paar Minuten Zeit, um völlig ungefiltert alles aufzuschreiben, was Ihnen wichtig ist.
Wie viele unterschiedliche Dinge kommen da zusammen?

1. Was ist das Wichtigste für Sie in Ihrem Leben?

2. Wie viel Zeit verbringen Sie damit, investieren Sie dafür?

3. Womit verbringen Sie am meisten Zeit?
   Wie wichtig ist Ihnen das?

12 Rollen

Andere führen kann nur, wer sich selbst führen kann.
ANONYMUS

Unser Leben ist vielschichtig, abwechslungsreich, gar komplex – immer mal wieder am Rande des Chaos. Da könnte es eine echte Hilfe sein, wenn es ein Werkzeug für den effektizienten Menschen gäbe, das ihm ein besser geordnetes Selbst- und Zeitmanagement verschafft.
An dieser Stelle möchten wir ein solches Werkzeug aus der Denkfabrik von Stephen R. Covey vorstellen – das Rollen-Modell.
Jeder von uns hat verschiedene Rollen, die einen mehr, die anderen weniger. Wir sind: Ehepartner, Eltern, Geschäftsführer, Projektmanager, Freund, Trainer einer Jugendmannschaft, Elternbeirat. Jede dieser Rollen stellt unterschiedliche Ansprüche und Anforderungen an uns. Die Intensität wechselt: Wenn im Kindergarten ein Tag der offenen Tür ansteht oder im Job ein bestimmtes Projekt zu Ende gebracht werden muss, steigt die Intensität. Im Gegenzug gibt es hoffentlich Zeiten, in denen die Anforderungen geringer sind.
Der Vorteil dieses Rollen-Modells ist, dass ich durch diesen ganzheitlichen Ansatz, der sowohl berufliche als auch private Lebensbereiche erfasst, die Chance auf eine Balance habe und keinen Bereich aus den Augen verliere. Covey empfiehlt, maximal sieben Rollen zu definieren und diese mindestens einmal die Woche gedanklich durchzugehen und zu überlegen, welche Prioritäten und Aufgaben es gibt. Der Schlüssel für den Erfolg ist die sofortige Umsetzung in die Wochenplanung und den Terminkalender. Nebenstehendes Chart gibt eine Idee, wie dieses Rollen-Modell mit Leben gefüllt werden und damit zur Effektizienz beitragen kann.

Lernen

Das Wochenarbeitsblatt

Rollen	Ziele

Die Säge schärfen

Physisch ______

Mental ______

Spirituell ______

Sozial/Emotional ______

Woche vom

Prioritäten diese Woche

	Sonntag	Montag
Prioritäten heute		
Verabredungen / Verpflichtungen		
	8	8
	9	9
	10	10
	11	11
	12	12
	13	13
	14	14
	15	15
	16	16
	17	17
	18	18
	19	19
	20	20
	Abend	Abend

Quelle: Stephen R. Covey, 7 Wege zur Effektivität, S. 198

13 Säge schärfen

Kleine Taten, die man ausführt, sind besser als große, die man plant. GENERAL GEORGE MARSHALL

Vielleicht kennen Sie die Geschichte des Waldarbeiters, der mit einer stumpfen Säge einen riesigen Berg Holz zu bezwingen versucht und den Hinweis, dass er doch mal seine Säge schärfen sollte, mit der Aussage „Habe keine Zeit, muss so viel Holz sägen", pariert.

Wir schmunzeln, aber machen wir es nicht oft genau so? Schinden wir unseren Körper, unsere Seele, unseren Geist nicht oft so lange und so intensiv, bis sämtliche inneren Ressourcen aufgebraucht sind und das Ergebnis entweder Burnout oder Herzinfarkt heißt?
Ihre persönlichen Ressourcen lassen sich in vier Bereiche aufteilen: Körper, Intellekt, Beziehungen, Geist. Jeder einzelne Bereich ist elementar, da wir als Menschen langfristig nur ganzheitlich funktionieren werden. Daher gehört die Pflege dieser Bereiche zu einem effektizienten Lebensstil und zwar sowohl als Voraussetzung, wie auch als Ergebnis desselben.

Denn weder der Intellektuelle mit dem messerscharfen Denken, der aber kaum Freunde hat, noch der pummelige Gemütliche, der zwar in die Breite wächst, aber gleichzeitig vor dem Fernseher abstumpft und an Tiefgang verliert, lebt in der Balance. Sicherlich werden wir nicht in allen Bereichen gleich gut sein, aber es ist wichtig, keinen Bereich zu vernachlässigen.

Handeln

Auch hier hilft eine ehrliche persönliche Bestandsaufnahme.

Wie beurteilen Sie Ihren eigenen Zustand in den vier folgenden Bereichen – was ist gut, was möchten Sie ändern:

Körper

Intellekt

Beziehungen

Geist

14 Biorhythmus

Wer spät zu Bett geht und früh heraus muss, weiß, woher das Wort Morgengrauen kommt. ROBERT LEMKE

Ein Modewort? Ja, in gewisser Weise ist das so. Andererseits ist es auch ein wichtiger Bereich, wenn es um Effektizienz geht. Denn genauso wie wir bestimmte Dinge besser können und uns manches leichter von der Hand geht, können wir zu manchen Tageszeiten besser arbeiten. Hier gibt es kein besser oder schlechter, sondern nur ein anders. Aber selbstverständlich kann ich mich den Notwendigkeiten meines Geschäftsalltages nicht vollständig entziehen: Auch wenn ich ein „early bird" bin, das bereits morgens um fünf auf Hochtouren dreht, werde ich um diese Zeit kaum Kundentermine bekommen. Auch wenn ich ab 19 Uhr am liebsten auf dem Sofa rumlümmeln möchte, muss ich – vor allem im Privatkundengeschäft – zu dieser Zeit noch Kundentermine wahrnehmen.

Die Lösung liegt also darin, die natürlichen Gegebenheiten – und zwar sowohl die eigene Leistungsfähigkeit, als auch die Anforderungen des Jobs zu erkennen und zu akzeptieren und dann das Optimale daraus zu machen. Einige Anstöße für diesen Optimierungsprozess haben wir nebenstehend notiert.
Ganz entscheidend ist, dass Sie sich trauen, kreative Lösungen umzusetzen und nicht so sehr darauf achten, welche Konventionen gelten und wie man das normalerweise in Ihrer Branche oder Ihrem Job macht.

Handeln

Was also können Sie tun? Vieles und zwar Folgendes:

- Damit Sie überhaupt etwas ausrichten können, müssen Sie erst einmal wissen, zu welcher Tages- oder Nachtzeit Ihre beste Zeit ist.

- Wenn Sie Ihre beste Zeit definiert haben, überlegen Sie, was Sie in dieser Zeit tun können (vgl. hierzu „Dringend und wichtig", Abschnitt 9).

- Legen Sie die Anforderungen Ihrer Vertriebsaufgabe über die besten Zeiten, die sich aus Ihrem Biorhythmus ergeben und versuchen Sie, die Zeit zu optmieren.

15 Zeitliche Anforderungen im Vertrieb

Ausdauer wird früher oder später belohnt – meistens aber später. Wilhelm Busch

Vertrieb ist kein „nine-to-five-Job". Noch nie gewesen und wird es auch nie werden. Zum einen, weil 37,5 Stunden in der Woche einfach nicht reichen; zum anderen, weil aufgrund von Reisezeiten und zeitlichen Wünschen des Kunden einfach ein überdurchschnittliches Maß an Flexibilität notwendig ist. Drei Aspekte sollen genügen, um diese Besonderheiten zu charakterisieren:

- Eine kompatible Taktung der Beratungszeit mit den Kundenbedürfnissen. Wenn der Privatkunde zu „normalen" Zeiten (nine-to-five) arbeitet, bedeutet dies, dass er eben zu diesen Zeiten keine Zeit hat, um sich mit einem Berater zu treffen.
- Wenn sich ein Kunde zum Kauf entscheidet, dann soll es oft sehr schnell gehen, was auf Seiten des Beraters eine hohe Flexibilität und ungewöhnliche Arbeitszeiten („das Angebot bekommen Sie selbstverständlich bis morgen früh") nach sich zieht.
- Bestimmte Branchen-Zyklen, die über das Jahr hinweg zu einer stark schwankenden Arbeitsbelastung führen können (Jahresendgeschäft, Quartalsabschlüsse, Zielerfüllung etc.).

Wer noch ein Privatleben haben, nicht im Burn-out enden und eine gesunde Work-Life-Balance erreichen will, der muss seine Zeit aktiv managen. Das lohnt sich doppelt, denn die Arbeit im Vertrieb bietet im Vergleich zu anderen Jobs einen hohen Freiheitsgrad, der durch gutes Zeit- und Selbstmanagement genutzt werden will. Wie das auch gerade im Vertrieb ganz praktisch geht, dazu liefern die folgenden Abschnitte reichlich praktikable Anregungen.

Planen

Wann sind Ihre Haupt-Kunden-Kontakt-Zeiten?

Wann haben Sie (über den Tag gesehen) regelmäßig Leerlauf?

Ist Ihr Freizeit- und Urlaubsverhalten / Planung auf die Zyklen ausgelegt / angepasst?

Welche kreativen Lösungen können Sie finden, um Ihre beruflichen und privaten Wünsche und Anforderungen in Einklang zu bringen?

Zwei Beispiele:

- Besuch des Fitness-Studios um 14 Uhr.
- Gemeinsames Familienfrühstück, wenn die Kinder später zur Schule müssen.

16 Ziele setzen

Leaders do first things first, and second things not at all.
PETER F. DRUCKER

Nachdem es in Abschnitt 6 um das große Bild, um das Lebensziel ging, soll es nun um die kurz- und mittelfristige Dimension gehen: von der Jahres- bis zur Wochenplanung.
Das Grundsätzliche vorne weg: Ein Ziel muss in den drei Dimensionen Inhalt, Ausmaß und Zeit definiert werden, sonst ist es kein Ziel. Klingt einfach, ist es eigentlich auch, aber in der Praxis wird oft eine Dimension vergessen – und dann geht die Messbarkeit verloren. Also ganz praktisch.
Ziel: Im Jahr 2012 500.000 EUR Provisionen erwirtschaften.
Das ist ein klares, eindeutiges, messbares Ziel. Zeit: Das Jahr 2012. Inhalt: Provisionen. Ausmaß: 500.000 EUR.

Nun mögen Sie vielleicht die Frage stellen, ob das Thema Ziele setzen, auch und gerade im Vertrieb nicht überbetont wird. Wir meinen nein. Im Gegenteil: Es kann kaum überbetont werden. Wie wichtig Ziele im Leben und im Vertrieb sind, zeigen die beiden folgenden Erkenntnisse:

- Schon die Tatsache, dass im Vertrieb über Zahlen und Ziele gesprochen wird, erhöht die Umsätze im Schnitt um 10%.

- Amerikanische Elite-Universitäten haben die berufliche Entwicklung über Jahre begleitet. Das Ergebnis ist eindeutig: Während Absolventen ohne Ziele 10 Jahre nach dem Abschluss 100 verdienen, sind es bei Absolventen, die sich Gedanken über Ziele machen 200, bei Absolventen mit schriftlich fixierten Zielen 1000.

Planen

Schriftlich formulierte Ziele haben eine überdurchschnittliche Wirkung auf den Erfolg. Deshalb machen Sie sich jetzt bitte an konkrete Zielformulierungen.
Seien Sie mutig und klar, setzen Sie sich realistische, aber ambitionierte Ziele. Um die notwendigen Schritte zur Umsetzung kümmern wir uns dann in den nächsten Abschnitten 17 bis 19.

Setzen Sie sich Ziele. Ambitioniert, aber nicht unrealistisch.
Und natürlich in drei Dimensionen: Inhalt, Ausmaß, Zeit.
Das wird Sie motivieren und zu besseren Leistungen führen.

Sie können auch die **SMART**-Methode nutzen:
S = spezifisch
M = messbar
A = attraktiv
R = realistisch
T = terminiert

17 Strategische, taktische und operative Planung

Präzise planen kostet in der Regel auch nicht mehr Energie als träumen, wünschen und hoffen. AMERIKANISCHES SPRICHWORT

In der BWL werden die drei Planungsebenen nach der zeitlichen Dimension unterschieden: Bis ein Jahr (operativ), bis drei Jahre (taktisch) und über drei Jahre (strategisch). Eine detaillierte Abhandlung ist in diesem Buch aufgrund des Umfangs weder möglich, noch inhaltlich nötig. Zwei Aspekte sind wichtig:

1. Ein strategischer Rahmen ist notwendig
Gablers Wirtschaftslexikon definiert Strategie als die grundsätzliche, langfristige Verhaltensweise (Maßnahmenkombination) der Unternehmung und relevanter Teilbereiche gegenüber ihrer Umwelt, zur Verwirklichung der langfristigen Ziele. Dieser Rahmen muss langfristig gestaltet werden. Wobei die Betonung auf langfristig liegt. Selbstverständlich muss dieser Rahmen auch und gerade in unserem schnelllebigen Geschäftsumfeld regelmäßig überprüft werden. Aber zu häufige Kurswechsel führen zu einem Zick-Zack-Kurs, was dem Erfolg nicht zuträglich ist. Nebenstehend finden Sie vier Aspekte, die bei der Strategiefindung hilfreich sind.

2. Entscheidend ist die konsequente Operationalisierung
Die meisten Unternehmen scheitern nicht an einer schlechten Strategie, sondern an der mangelnden Konsequenz und Stringenz bei der Umsetzung. Es braucht sogenannte „closed loops", also „rückgekoppelte Kreisläufe", die zu einer regelmäßigen Optimierung der vorhandenen Prozesse und Maßnahmen führen. Deshalb widmen wir die nächsten beiden Abschnitte der operativen Planung.

Eine Strategie trifft Aussagen zu den folgenden vier Bereichen:

1. dem Tätigkeitsbereich, d.h. dem Ausmaß der Umweltbeziehungen der Unternehmung (Scope/Domain)

2. den Ressourcen der Unternehmung und den damit verbundenen Fähigkeiten, die strategischen Ziele zu erreichen (Distinctive Competence)

3. den Wettbewerbsvorteilen der Unternehmung (Competitive Advantage) und

4. der Synergien, die durch die strategischen Entscheidungen entstehen können.

http://wirtschaftslexikon.gabler.de/Definition/strategie.html

18 Jahresplanung

Zu lohnenden Zielen gibt es keine Abkürzung. Beverly Sills

Spannend ist die Tatsache, dass man in vielen Branchen, insbesondere in der Finanzdienstleistung Jahr für Jahr Mitte März Einladungen zu sogenannten „Jahresauftaktveranstaltungen" bekommt. Das erste Quartal ist quasi schon vorbei und nun fängt man mal langsam an, sich Gedanken über das Jahr zu machen. Ein solches Vorgehen führt vor allem dazu, dass man der Zeit und seinen Zielen hinterher läuft. Die einzige Rechtfertigung für ein solches Vorgehen ist die Annahme, dass das erste Quartal sowieso verlorene Vertriebszeit sei. Wie also geht gute Jahresplanung?
Branchenzyklen beachten: Obwohl es z.B. in der Versicherungsbranche kein Weihnachtsgeschäft gibt, ist es doch so, dass zum Ende des Jahres deutlich höhere Umsätze geschrieben werden als in den ersten drei Quartalen. Das muss in der Planung berücksichtigt werden: Wann mache ich Urlaub, wann kann ich welche Umsätze erwarten?

Urlaubs- und Ferienzeiten: Gerade wer selbstständig ist, neigt oft dazu, wenig Urlaub zu machen. Das ist vielfach keine gute Entscheidung. Bewusste Regeneration ist wichtig und sollte langfristig geplant sein. Klar kann das nicht in der Hauptumsatzzeit sein.

Zeit-Ziel-Erreichung mindert Stress: Wer in einer Branche arbeitet, die einem bestimmten Zyklus unterliegt, sollte dies berücksichtigen. Wenn im ersten Halbjahr realistisch nur ein Drittel des Jahresumsatzes zu erzielen ist, kann es nicht das Ziel sein bis zum 30.06. 50% des Jahreszieles im Kasten zu haben.

Planen

Wie sind Sie bislang mit Zielen umgegangen?

Welche Ziele haben Sie sich in der Vergangenheit gesetzt?

Wie war ihre Zielerreichung?

Warum haben Sie bestimmte Ziele nicht erreicht?

Beschreiben Sie den Branchenzyklus Ihrer Branche.

Ist Ihre Jahresplanung auf diesen Branchenzyklus abgestimmt oder haben Sie Ihr Jahresziel einfach durch zwölf geteilt?

19 Wochenplanung

Der Langsamste, der sein Ziel nicht aus den Augen verliert, geht noch immer geschwinder als jener, der ohne Ziel umher irrt.
Gotthold Ephraim Lessing

Die Woche ist als kleinste Planungseinheit der alles entscheidende Zeitraum. Folgende Argumente sprechen für die Woche als sinnvollen Plaungszeitraum:

- Sie befreit uns aus dem Klein-Klein der täglichen to-do-Listen.
- Das Bewerten, ob die Planung erfolgreich war oder nicht, lässt sich realistischer vornehmen.
- Sie ermöglicht eine Work-Life-Balance (Abschnitte 36-40), geschäftliche und private Zeit in Einklang zu bringen.
- Sie ist seit Jahrtausenden der natürliche Rhythmus über die Kulturkreise hinweg.

In Abschnitt 12 haben wir die Rollen beleuchtet, sie sind der Schlüssel für eine gelingende Wochenplanung. Während es bei dieser Betrachtung auch und gerade darum geht, Quadrant-II-Zeit (vgl. Abschnitt 9) zu etablieren, muss es im gleichen Maß darum gehen, die anstehenden, notwendigen, ggf. auch dringenden Aufgaben einzutakten.

Der erste Schritt, um eine regelmäßige Wochenplanung zu etablieren, ist ein fester Termin im Kalender, der eben dieser Planung dient. Er sollte spätestens Sonntagabend sein, besser donnerstags oder freitags.

Planen

1. Unabhängig davon, welches System Sie nutzen (Outlook, iPhone, Papierkalender), visualisieren Sie die kommende Woche auf einer Seite. Das verschafft Ihnen einen Eindruck, was auf Sie zu kommt und gibt Ihnen ein Gefühl dafür, ob Sie in der Balance sind.

2. Definieren Sie Ihr wöchentliches jour fixe als Termin mit sich selbst, um Ihre Wochenplanung praktisch zu machen.

3. Gehen Sie zurück zu Abschnitt 12 und beschäftigen Sie sich nochmals mit den Rollen.

4. Wie stellen Sie sicher, dass alle Aufgaben aus Meetings, Protokollen und to-do-Listen in Ihrer Wochenplanung verarbeitet werden?

20 Termine mit sich selbst

Zeit die wir uns nehmen, ist die Zeit, die uns etwas gibt.
Ernst Ferstl

Nein, das ist kein Scherz, sondern ein wichtiger Baustein für ein funktionierendes Zeit- und Selbstmanagement. Viele Untersuchungen identifizieren drei Hauptprobleme.

1. Zu viele Unterbrechungen: Im Schnitt wird ein Manager alle sieben Minuten bei seiner Tätigkeit unterbrochen.
2. Schlecht vorbereitete Meetings: Wie oft eilen wir in Sitzungen und greifen uns eine Minute vorher die Unterlagen, ohne ausreichend auf die anstehenden Themen vorbereitet zu sein?
3. Zu wenig Zeit in Quadrant II: Statt uns ohne Druck mit wichtigen Dingen zu beschäftigen, sind wir gehetzt und jonglieren – getrieben von Deadlines – unsere Projekte oder lenken uns selbst mit unwichtigem Kram ab.

Obwohl diese skizzierten Probleme allgemein bekannt sind – und das Gegenmittel „Termine mit mir selbst“ gleichermaßen einfach wie naheliegend ist, stellt sich die Frage, was Sie daran hindert, jetzt für nächste Woche für ein bis zwei Stunden einen entsprechenden Termin einzutragen. In der Zeit können Sie

- ohne Unterbrechung konzentriert arbeiten,
- wichtige Meetings vor- und nachbereiten,
- Quadrant–II–Aufgaben erledigen: sich ohne Druck um wichtige Aufgaben kümmern.

Und ein letzter Tipp: Verteidigen Sie diesen Termin wie jeden anderen in Ihrem Kalender. Es gibt keinen Grund, diesen Termin zu opfern. Im Gegenteil: Je öfter Sie diesen Termin gemacht haben, desto wichtiger wird er für Sie werden.

Haben Sie Termine mit sich selbst?

Nehmen Sie jetzt Ihren Kalender und tragen Sie einen Termin mit sich selbst ein, an dem Sie z.B. Ihre Wochenplanung machen oder Termine der nächsten Tage vorbereiten.

21 Maximal 60% Ihrer Woche verplanen

Viele sind hartnäckig in Bezug auf den einmal eingeschlagenen Weg, wenige in Bezug auf das Ziel. FRIEDRICH NIETZSCHE

Wie bitte? Wie soll ich denn in 60% meiner Zeit alles schaffen? Falsch verstanden! Es geht darum, maximal 60% Ihrer Zeit im Vorhinein zu verplanen. Warum? Ganz einfach: der Rest füllt sich von selbst und zwar mit „Nicht-Quadrant–II–Tätigkeiten" (vgl. Abschnitt 9), die quasi wie der Sand zwischen die Steine rinnen (vgl. Abschnitt 22).

Natürlich klappt das nicht bei einer täglichen Betrachtung. Es gibt Tage mit ganztägigen Meetings, da kann man natürlich nicht um 15.30 Uhr heimgehen mit der Begründung, dass die 60% für diesen Tag voll sind. Es kann durchaus sinnvoll sein, interne Meetingtage zu installieren, bei denen sich von morgens bis abends ein Meeting an das andere reiht. Bezogen auf eine Woche, ist diese 60%-Regel aber sehr sinnvoll und bietet folgende Vorteile:

- Raum für Unvorhergesehenes:
  Nicht-Planbares ist sozusagen schon eingeplant.
- Vermeidung von ständigem „der Zeit hinter her laufen."
- Die Chance auf das Erfolgserlebnis, alles Geplante komplett erledigt zu haben.
- Eine Voraussetzung für Work-Life-Balance und langfristigste Leistungsfähigkeit.
- Auch wenn es für viele unvorstellbar ist:
  Hin und wieder einen pünktlichen Feierabend.

Planen

Analysieren Sie die vergangenen Wochen: Wieviel Zeit hatten Sie tatsächlich verplant?

Schauen Sie in die nächsten Wochen: Wieviel Zeit haben Sie verplant? Was können Sie tun, um zu verhindern, dass mehr als 60% Ihrer Zeit verplant werden?

Wenn Sie die Tendenz haben, zu viel zu verplanen, blocken Sie bestimmte Zeiten als nicht verplanbare Zeit!

22 Blockweise arbeiten

Nur im Wörterbuch kommt Erfolg vor Fleiß.
Vidal Sassoon

Es gibt das nicht besonders ästhetische, aber dafür sehr einleuchtende Beispiel des Einmachglases, das mit verschiedenen Dingen (Kieselsteine, Sand, Split) befüllt werden soll. Abhängig davon, in welcher Reihenfolge befüllt wird, geht mehr oder weniger ins Glas. Wer mit dem Sand beginnt, und damit das halbe Glas füllt, wird spätestens mit seinem dritten Kieselstein scheitern. Wer jedoch zuerst die großen Brocken ins Glas packt, der kann dann den Splitt und dann noch den Sand draufschütten und wie durch ein Wunder passt alles rein.

Genau so ist es auch bei unserer Zeiteinteilung: Wer zuerst die großen, vielleicht auch schwierigen oder gar unangenehmen Brocken anpackt, der wird auch noch Zeit für den unwichtigeren Kleinkram finden, der dann so dazwischen fließt. Wer sich jedoch schon zu Beginn mit dem Krimskrams vertrödelt, dem zerrinnt die Zeit wie Sand zwischen den Händen. Deshalb gilt für die Wochenplanung: Zuerst die wichtigen, großen Aufgaben blocken.

Dazu gehört auch, dass gleichartige Aufgaben zu einem Block zusammen gefasst werden. Bestes Beispiel sind Telefonate. Es ist wesentlich besser, mehrere Telefonate hintereinander weg zu erledigen, als immer mal wieder über den Tag verteilt zum Hörer zu greifen. Natürlich kann ich mich gerade im Vertrieb nicht auf einen großen Terminblock die Woche beschränken, dann wäre die Frequenz bei schwieriger Erreichbarkeit einfach zu lang.

Planen

Aufgabe:
Überlegen Sie, welche Aufgaben Sie zu sinnvollen Blöcken zusammenfassen können.

Tragen Sie diese Blöcke jetzt sofort für die nächste Woche in Ihren Kalender ein.

Seien Sie konsequent in der Umsetzung.

23 One-Touch a Piece

Entscheide lieber ungefähr richtig, als genau falsch.
JOHANN WOLFGANG VON GOETHE

Der Traum eines jeden arbeitenden Menschen, egal ob Vertriebsleiter, Key Account Manager oder Verkäufer: Jeden Vorgang nur einmal in die Hand nehmen. Es muss kein Traum bleiben, sondern kann Realität werden – ab sofort, auch für Sie. Vorausgesetzt, Sie halten sich an die folgenden drei Zutaten für das Wunsch-Menü „One-Touch a Piece": Erledigen, delegieren, ablegen.
Das scheint sowohl zu einfach als auch zu realitätsfremd? Hier einige Erläuterungen, die die Realisierung realistischer und praktikabler werden lassen:
1. Erledigen: Klar, was direkt erledigt werden kann, sollte direkt erledigt werden. Die Mail beantworten, kurz ins Nachbarbüro gehen, einen Anruf tätigen. Erledigt ist etwas aber auch dann, wenn es soweit abgearbeitet ist wie es im Moment geht und eine saubere Wiedervorlage vereinbart oder der Vorgang zur weiteren Abstimmung/Bearbeitung auf die Agenda eines Meetings gesetzt wurde.
2. Delegieren: Ist sehr angenehm, da vermeintlich unaufwändig und der Inhalt vieler Managerträume: „Wenn ich bloß jemanden hätte ..." Aber selbst wenn Sie jemanden haben, an den Sie delegieren können, ist es bei genauerem Hinsehen gar nicht so einfach und will gelernt sein. Deshalb verwenden wir den ganzen nächsten Abschnitt darauf.
3. Ablage: Wichtig ist dabei auch die runde Ablage (Papierkorb) eifrig und bewusst zu nutzen. Es muss nicht alles gesammelt werden. Und das, was gesammelt wird, muss sauber strukturiert sein, so dass einfaches Wiederfinden möglich wird – sonst bleibt die Übung ein Muster ohne Wert (vgl. Abschnitt 25).

Wie ist Ihre Ablage organisiert?

Haben Sie einen Stapel auf dem Schreibtisch von Dingen, die Sie mal lesen wollen oder mal ablegen sollten. Räumen Sie den jetzt weg, ggf. in einer einmaligen Gewaltaktion bis mitten in die Nacht. Und lassen Sie den Stapel nie wieder wachsen.

24 Delegieren

Zusammenkunft ist ein Anfang. Zusammenhalt ist ein Fortschritt. Zusammenarbeit ist ein Erfolg. Henry Ford

Das hat sehr, sehr viel mit Kommunikation zu tun! Und bekanntlich kann man nicht nicht kommunizieren, d.h. auch wenn Sie einen Vorgang bei Ihrer Sekretärin wortlos auf den Tisch knallen, sagen Sie damit sehr viel aus. Daher sind definierte Regeln und ausreichend Zeit für die Delegation der Schlüssel zum Erfolg.

Natürlich ist für jede Form von Zusammenarbeit Vertrauen eine wichtige Zutat. Das kann man vorschießen, aber man kann und muss es sich letztendlich auch erarbeiten. Das heißt zu Beginn sind elementare Absprachen notwendig. Was Sie dabei alles klären sollten, haben wir nebenstehend zusammengestellt.

Darüber hinaus sollten Sie sich von Anfang an praktisch – das heißt, nicht nur sprechen, sondern gemeinsam tun – mit der Arbeitsweise des anderen vertraut machen. So lassen sich Reibungsverluste eliminieren. Und bitte unbedingt bedenken: Bis die Delegation richtig klappt, bedarf es erst mal eines höheren Aufwandes. Nur wenn Sie das „Dann kann ich es ja gleich selbst machen" überwinden, können Sie mittelfristig die süßen Früchte des Delegierens in Form von echter Entlastung genießen.

Aufgrund des technischen Fortschritts lohnt es sich immer wieder zu überprüfen, welche Aufgaben delegiert werden, denn die diktierenden Chefs sind fast ausgetorben und eine Reisebuchung kann online oft sehr schnell selbst erledigt werden.

Folgende Spielregeln können beim Delegieren helfen

1. Delegieren Sie laufend oder gibt es ein jour fixe, bei dem die Aufgaben übergeben werden? Gerade wenn Sie in räumlicher Nähe zu Ihrer Sekretärin sitzen, was die Regel sein dürfte, besteht die Gefahr, dass dauernd, vielleicht dutzende Male am Tag, delegiert wird. Schön, für den der delegiert, denn er ist es immer gleich los; nervig für den Aufgabenempfänger, denn er wird ständig unterbrochen.

2. Rückmeldung: Treffen Sie eine klare Absprache, ob es eine Rückmeldung gibt oder nicht. Ich (Oliver) habe z.B. die Vereinbarung, dass – für den Fall, dass ich keine Rückmeldung bekomme – der delegierte Vorgang ohne Probleme und im vereinbarten zeitlichen Rahmen erledigt ist.

3. Wenn die zu delegierenden Aufgaben komplexer sind, bedarf es einer persönlichen oder zumindest telefonischen Delegation. Das mag zwar zuerst aufwändiger erscheinen, ist im Ganzen betrachtet aber die zeitsparendere Methode, denn nur wenn die Aufgabenstellung klar verstanden wurde, kann sie richtig und ohne langwierige Rückfragen erledigt werden.

4. Berücksichtigen Sie die Dauer der Zusammenarbeit: Wenn Sie schon Jahre zusammenarbeiten und sich wie ein altes Ehepaar ohne Worte verstehen, können ein paar handschriftliche Zeichen, die sonst niemand identifizieren kann, reichen; in anderen Fällen kann eine etwas ausführlichere E-Mail (erhöht die Lesbarkeit gegenüber den meisten Handschriften deutlich) ratsam sein.

25 Clean Desk, Wiedervorlage und Ablage

Die Basis einer gesunden Ordnung ist ein großer Papierkorb.
KURT TUCHOLSKY

Das wichtigste Vorneweg: Entscheidend ist nicht, welches System Sie verwenden, z.B. Hängeregister, Wiedervorlagemappe oder eine Software, in die alle Vorgänge eingescannt werden. Zentral ist vielmehr die Methodik, für die Sie sich entscheiden und die Konsequenz, mit der Sie sich daran halten.
Arbeitspsychologisch ist es längst nachgewiesen, dass es sich mit ordentlicher Ablage und aufgeräumtem Schreibtisch besser arbeiten und auch leben lässt. Die größten Schlamper werden als Messies bezeichnet, die Oberpeniblen vielleicht als Korinthenkacker ... Hier geht es nicht um eine Kategorisierung oder gar eine Verurteilung eines bestimmten Arbeitsstils. Es geht vielmehr darum, ob dieser Aspekt der äußeren Ordnung auch – oder gerade – etwas zu einem gelingenden Zeit- und Selbstmanagement beiträgt.
Vielleicht sagen Sie sich, dass der wahre Selbst-Manager doch der ist, der sein Chaos beherrscht und nicht der, dessen Schreibtisch beinahe klinisch rein und dessen Ablage geordnet wie Würths Schraubenlager daherkommt. Mag sein, dass diese Problematik nicht jeden gleich betrifft bzw. belastet. Ein unaufgeräumter Schreibtisch verursacht praktische Probleme: Habe ich an alles gedacht, geht mir ein Termin durch die Lappen oder vergesse ich eine Aufgabe, die ich zu erledigen habe.
Da ein sauberer Schreibtisch, eine funktionierende Wiedervorlage und eine systematische Ablage unabdingbare Voraussetzungen für Effektizienz sind, lohnt es sich hier Zeit und Energie zu investieren, um die eigenen Gewohnheiten und Vorgehensweisen zu verbessern.

Handeln

Wie ist Ihre Wiedervorlage organisiert? Welches übergeordnete System verfolgen Sie?

Wie ist Ihre Ablage organisiert? Welches übergeordnete System verfolgen Sie? Klappt das Wiederfinden?

Versuchen Sie, abends Ihren Schreibtisch aufgeräumt zu verlassen. Was aufgeräumt ist, dürfen Sie selbst entscheiden. Vorschlag: Nur eine Wiedervorlage-Mappe, in die alle Vorgänge sauber einsortiert sind. Achtung: Alles in die Schreibtischschublade zu stopfen ist keine Lösung!

Clean Desk extrem: Nehmen Sie Ihren kompletten Schreibtischinhalt und packen Sie ihn in eine Umzugskiste. Holen Sie das raus, was Sie für die tägliche Arbeit brauchen und sortieren Sie es ordentlich ein. Alles was nach acht Wochen noch in der Kiste ist, kann getrost auf den Dachboden wandern – oder für die ganz Mutigen: In die runde Ablage.

26 Outlook und E-Mail

Gegenüber der Fähigkeit, die Arbeit eines einzigen Tages sinnvoll zu ordnen, ist alles andere im Leben ein Kinderspiel.
JOHANN WOLFGANG VON GOETHE

Wenn es bei Ihnen piept, haben Sie ein Problem. Will sagen: Falls Sie Ihr E-Mail-System so ein gestellt haben, dass es sobald eine E-Mail ankommt ein optisches oder akustisches Signal von sich gibt, dann tun Sie alles nur Mögliche dafür, sich selbst unter Druck zu setzen und zu stressen. Deshalb: Wenn es bei Ihnen piepst, legen Sie das Buch aus der Hand und lesen Sie erst weiter, wenn Sie Ihre Einstellungen entsprechend geändert haben.

Warum? Das erläutern wir Ihnen gerne:

- Jeder „Piep“ bedeutet eine weitere Unterbrechung – und wie wir in Abschnitt 20 gelernt haben, haben wir davon eh schon mehr als wir brauchen können.

- Bei jedem „Piep“ müssen Sie neu entscheiden, ob Sie sich jetzt, um diese E-Mail kümmern oder an der aktuellen Aufgabe dranbleiben. Entscheidungen kosten Energie und sind anstrengend, das muss nicht sein.

- E-Mails bearbeiten ist eine klassische Aufgabe für blockweises Arbeiten (vgl. Abschnitt 22). Der„Piep“ bewirkt genau das Gegenteil und ist deshalb absolut kontraproduktiv.

Handeln

Stellen Sie „Piep" und andere Warnsignale ab.

Versuchen Sie jetzt auf null E-Mails zu kommen. Auch dafür benötigen Sie evtl. einen einmaligen Kraftakt, bis das Postfach leer ist.

Hier noch ein paar Grundregeln, die helfen, den Umgang mit den E-Mails weiter zu optimieren:

- Der E-Mail-Posteingang ist kein Ablagefach.
- Versuchen Sie jede Woche mindestens einmal 0 (in Worten: Null) E-Mails im Posteingang zu haben. Das ist für Ihr Selbstmanagement (es geht nichts unter) und ihre psychische Hygiene (was für eine Befreiung) extrem hilfreich.
- Löschen Sie gesandte und gelöschte Objekte regelmäßig.
- Legen Sie sich eine entsprechende Ordnerstruktur zur Ablage von E-Mails an.
- Achten Sie darauf, dass die Synchronisierung zwischen Online- und Offline-Modus sowie zwischen verschiedenen Geräten – wenn Sie z.B. iPhone und Notebook zur E-Mail-Bearbeitung nutzen – einwandfrei funktioniert.

27 Handy, Mailboxen und Anrufbeantworter

Man kann keinen Eierkuchen backen, ohne ein paar Eier zu zerschlagen. NAPOLEON I. BONAPARTE

Was für ein Segen sie doch sind, diese kleinen technischen Errungenschaften, die die Kommunikation so sehr vereinfachen. Wirklich, das ist völlig ernst gemeint.
Und gleichzeitig sind sie ein Fluch. Das glaubt uns jetzt jeder sofort, denn diese ständige Erreichbarkeit geht an die Substanz und es gibt kaum einen schlimmeren Satz als: „Sie haben acht neue Nachrichten."
Was also tun? Wie bei allem Neuen, das Chancen und Risiken birgt, müssen wir lernen, damit umzugehen, unsere Erfahrungen damit machen und bewusst Grenzen ziehen. Nun ist es alles nicht mehr ganz neu, darum haben wir unsere Erfahrungen gemacht und haben uns auch einen bestimmten Umgang angewöhnt. Dass der nicht immer sinnvoll ist, belegt folgende kleine Begebenheit: Gegen Ende der Pause eines Zeitmanagement-Seminars, bei dem die Frage nach der Notwendigkeit der ständigen Erreichbarkeit thematisiert wurde, kam ein Teilnehmer zum Referenten und sagte: „Das war nun das erste Mal seit drei Jahren, dass ich ohne Handy auf dem Klo war." Was für ein Glücksmoment als Referent, wenn die vorgetragenen Ideen so schnell fruchten. Aber natürlich auch äußerst bedenklich, wie manche Menschen leben und arbeiten.
Noch eine abschließende Bemerkung: Egal, wie Sie es machen, es hat einen Preis. Wenn Sie nicht ständig erreichbar sind, verpassen Sie vielleicht den Deal Ihres Lebens (allerdings eher unwahrscheinlich). Wenn Sie ständig erreichbar sind, leiden Ihre Beziehungen, Ihre Familie und sie verpassen entspannte Momente mit Ihren Kindern (Wahrscheinlichkeit sehr hoch).

Handeln

Machen Sie Testanrufe zu ihren eigenen Nummern. Wo klingelt es, welcher Text wird angesagt, geht überhaupt ein Anrufbeantworter dran oder läuft der Anruf ins Leere?

Überlegen Sie, ob die Ansage wirklich professionell ist oder eher „handmade" klingt. Gegebenenfalls kann es sinnvoll sein, eine professionelle Stimme zu buchen, die die Texte technisch und sprachlich kompetent aufspricht.

Stellen Sie sicher, dass alle vorhandenen Boxen und Anrufbeantworter regelmäßig abgehört werden.

28 Terminierung und Reiseplanung

Wenn du jedes Mal stehen bleibst, wenn ein Hund bellt, wirst du deine Reise nie beenden. Arabisches Sprichwort

Die erste grundsätzliche Entscheidung, die Sie treffen müssen, lautet: „Make or buy?“ Machen Sie alles selbst oder geben Sie bestimmte Dinge ab. Seit wir ins Internetzeitalter eingetreten sind, stellt sich die Frage neu, da die Geschwindigkeit, in der der Business-Alltag läuft, zugenommen hat, gleichzeitig aber das Thema Reisebuchungen sehr viel einfacher geworden ist.
Unabhängig davon, für welche Variante Sie sich entscheiden – die jeweiligen Vorteile haben wir in nebenstehender Matrix zusammen gestellt –, gibt es bestimmte Voraussetzungen und Rahmenbedingungen, die Sie unbedingt beachten sollten:

- Eine Trennung von privaten und geschäftlichen Terminen ist nicht möglich. Es muss einen Kalender geben, der alles beinhaltet, nur so ist ein abgestimmtes Vorgehen, das eine sinnvolle Work-Life-Balance ermöglicht, zu erreichen.
- Die Absprachen mit der Assistenz müssen eindeutig sein.
- Die Synchronisierung zwischen mobilen Geräten, dem eigenen Desktop und dem Zugriff durch die Assistenz müssen im Idealfall in Echtzeit, in jedem Fall aber einmal täglich erfolgen.
- Planen Sie ausreichend Zeit für die An- und Abreise ein. Manchmal geht es eng zu, weil es die Umstände nicht anders zulassen, aber wenn das die Regel ist, führt das zu zusätzlichem, unnötigem Stress.
- Nutzen Sie die Reisezeiten – abhängig vom Verkehrsmittel – bewusst für Arbeit und Regeneration: Rückrufe, (Hör-)Bücher, Fachzeitschriften, entspannende Musik, schlafen.

Vorteile „make or buy“ bei Reisebuchung/Terminierung

Terminierung	**selbst** • weniger Abstimmungsaufwand • keine Terminüberschneidungen durch (technisch bedingte) Doppelbelegung **extern** • Zeitersparnis • Konzentration auf Tätigkeiten mit höherer Wertschöpfung
Reisebuchung	**selbst** • weniger Abstimmungsaufwand • Verknüpfung mit privaten Terminen einfacher **extern** • Zeitersparnis

29 Zeitfresser eliminieren: Medien und Meetings

It's easy to say no, when there is a deeper yes burning inside.
Stephen R. Covey

„Wir suchen nach Wissen und ertrinken in Informationen." Das beschreibt unser Dilemma. Wir meinen, immer mehr Informationen konsumieren zu müssen, um das richtige Wissen zu finden. Wenn Sie sich auf dieses Spiel einlassen – warum auch immer – ist es vorbei mit der Effektizienz. Sie werden als getriebener Informationsjunkie enden! Was also tun? Ihren Medienkonsum radikal ändern! Nebenstehend einige (radikale) Vorschläge, wie das konkret und praktisch aussehen kann.

Neben Newsticker, rumsurfen und daddeln sind Meetings unser zweiter großer Zeitfresser. Damit keine Missverständnisse aufkommen: Meetings sind richtig und wichtig und in gewisser Weise unverzichtbar, aber nur wenn wir Sie auf das notwendige Minimum beschränken und bei der Durchführung auf ein Höchstmaß an Effektizienz achten.

Deshalb hier nun die Leitlinien für effektiziente Meetings:

- kein Meeting ohne Agenda
- klare Moderation
- pünktlicher Beginn, pünktliches Ende
- Protokoll – never leave without it
- keine Handys, Facebook, schnell E-Mails-checken oder „Ich muss mal schnell raus und den Rückruf machen"-Eskapaden

Handeln

Radikale Vorschläge zur Eliminierung medialer Zeitfresser.

Hören Sie auf, Tageszeitungen zu lesen: Tim Ferris schreibt, dass 95% der Inhalte für sein Leben irrelevant sind und ihre Halbwertszeit extrem gering ist (nicht umsonst sagt man, dass es nichts älteres gibt, als die Zeitung von gestern).

Hören Sie auf, Tagesschau und heute zu glotzen: Zum einen diktiert es Ihnen eine bestimmte Zeit (warum muss ich Punkt 20 Uhr informiert sein). Zum anderen entschlackt es Ihr Hirn. Mit Verlaub: So dramatisch das ist, wenn in Südostasien eine überladene Fähre sinkt und 150 Menschen ertrinken, aber nüchtern betrachtet, ist es für mein Leben völlig irrelevant. Schalten Sie auf Informationsdiät und Sie werden sehen, dass es kaum Mangelerkrankungen gibt.

Keine Ticker mehr auf dem Bildschirm: Nichts Schlimmeres als der n-tv-Bildschirm mit drei Newsticker-Laufbändern und rollierend blinkenden „breaking news“. Wer das lange aushält, ist entweder wirklich hart im Nehmen, schon völlig abgestumpft oder hat seine Halbwertszeit überschritten. Entscheiden Sie sich für ein oder zwei Online-Angebote, über die Sie sich informieren.

Zappen, Gamen & Co: Hier tickt jeder anders. Achtung: Es geht weder darum, Fernsehen noch Games grundsätzlich zu verteufeln, aber beide Medien haben das Potenzial, dass wir uns darin verlieren und uns hinterher wundern, wo die Zeit geblieben ist. Also: Games und Fernsehen sind fein – vorausgesetzt Sie wählen bewusst aus und versumpfen nicht ziellos vor der Kiste.

30 Linke Hälfte/rechte Hälfte Wie denken Sie?

Der Kopf ist rund, damit das Denken die Richtung ändern kann.
FRANCIS PICABIA

Nachdem die Methoden der Effektizienz klar sind, schauen wir uns an dieser Stelle ein paar Stolpersteine auf dem Weg zur Effektizienz an. Nicht alles hat mit Disziplin zu tun. Manchmal muss man noch ein bisschen tiefer graben, um zu verstehen, warum einfache Handlungen eben nicht einfach funktionieren.
Unser Gehirn besteht aus rechter und linker Hälfte. Die Hirnforschung hat herausgefunden, dass beide Hälften verschiedene Aufgaben- und Wahrnehmungsschwerpunkte haben. Das Rechtshirn beheimatet Kreativität, Spieltrieb, Neugierde und Intuition. Das Linkshirn ist die Basis für Logik, Ordnung und Zielrichtung.
Verschiedene Tests haben gezeigt, dass jeder Mensch in seinem Denken stärker von der einen oder anderen Hälfte geprägt wird. Man spricht in diesem Zusammenhang auch vom „divergenten Denken“ (Rechtshirn) bzw. „konvergenten Denken“ (Linkshirn).
Der divergente Denker hat seine Vorteile in der Fähigkeit, mehrere Tätigkeiten gleichzeitig zu erledigen. Er ist aufgeschlossen für neue Denkweisen, genießt Freiräume, handelt intuitiv und hat häufig einen etwas unordentlichen Schreibtisch. Er erklärt das mit seiner visuelle Vorgehensweise: Was er vor Augen hat, kann er nicht vergessen und auch nicht verlieren. Von anderen wird er eher chaotisch wahrgenommen.
Der konvergente Denker kann sich sehr gut fokussieren. Er fasst einzelne Informationen gedanklich zusammen, um sie dann zu strukturieren. Dabei hat alles seinen Platz und seine Ordnung. Er erstellt gerne Listen und arbeitet Aufgaben Schritt für Schritt ab. Das beide einen sehr unterschiedlichen Umgang mit Zeit- und Selbstmanagement haben, lässt sich schon erahnen.

Lernen

Wie würden Sie folgende Rechenaufgabe lösen?

Addieren Sie alle Zahlen von 1 bis 100.
Wie hoch ist die Gesamtsumme?

Als konvergenter Denker tendieren Sie dazu, die Addition bei 1 zu beginnen: 1+2+3+4+5+... = und kommen dann irgendwann (!) zur Lösung.

Und als Divergenter? Sie umkreisen die Aufgabe, stellen sich vielleicht einen Zahlenstrahl vor, bilden Verknüpfungen – und erkennen unter Umständen, dass die erste Zahl (1) addiert mit der letzten Zahl (100) = 101 ergibt. Die zweite Zahl (2) und die vorletzte Zahl (99) wieder = 101. Und dann erkennen Sie womöglich, dass sich diese Tatsache bis zur Mitte fortsetzt: 50+51=101.
Die Lösung der Aufgabe lautet also: 50 x 101 = 5050.

31 Konvergenz und Divergenz im Handeln

An Zeit fehlt es vor allem dort, wo es am Wollen fehlt.
ERNST FESTL

Im vorangegangen Abschnitt wurde deutlich, dass sich der konvergente Denker mit den klassischen Prinzipien des Zeitmanagements leichter tut. Listen schreiben und abarbeiten, bei der Sache bleiben, fokussiert vorgehen – alles kein Problem. Wahrscheinlich reicht einem konvergenten Denker bereits ein kleiner Zehn-Punkte-Zeitmanagement-Plan, mit dem er seine Effektizienz um einiges steigern kann. Deshalb hier ein ermutigendes Wort an alle divergenten Denker.

Finden Sie Ihren Stil! Vergessen Sie die ultimative Lösung für Ihr Zeitmanagement, wonach Sie in fünf Schritten und sieben Prinzipien Ihren Erfolg um das Zehnfache steigern! Es gibt sie nicht! Fangen Sie mit Ihren Möglichkeiten an! Damit meinen wir, gehen Sie kleine Schritte und feiern Sie jeden Erfolg. Eine handgeschriebene To-Do-Liste ist vielleicht schlechter als Outlook, aber besser als gar nichts! Aktuelle Haftnotizen um Ihren Arbeitsplatz (nach Erledigung der Aufgabe unbedingt entfernen!) schaffen die richtige Erinnerung für einen visuellen Menschen. Auf kleine Zeitfenster, in denen Sie konzentriert gearbeitet haben, darf eine Belohnung folgen!

Machen Sie sich selbst deutlich: Als divergenter Denker haben Sie es grundsätzlich schwerer mit Zeitmanagement, können dafür aber um Ecken denken, sind flexibel, haben eher einen Blick für das „große Ganze“ und finden kreative Lösungen. Das darf nicht dazu führen, sich auf Ihrer „Unordnung“ auszuruhen, sondern soll Sie ermutigen, sich an kleinen Siegen zu freuen. Es braucht nach wie vor eine kleine Grundstruktur, um die Vorteile des divergenten Denkers in Erfolge zu verwandeln.

Handeln

Hier ein paar Tipps, um auch als divergenter Denker besser mit der Zeit umzugehen:

- Schaffen Sie sich ein Büroumfeld, das den Spieltrieb und das Kreative bedient. Farbige Haftnotizen, eine große Wandtafel (oder die Tür), ... was spricht Sie an, was tut Ihrem Arbeitsstil gut? Besuchen Sie einen Büromarkt!

- Bearbeiten Sie Ihre wichtigste Tagesaufgabe zuerst. Dann ist das Schwierigste bereits geschafft!

- Schaffen Sie Zeiten, in denen Sie auch telefonisch nicht erreichbar sind und auch kein Klingeln hören können. Nutzen Sie diese Abschnitte, um konzentriert zu arbeiten. Belohnen Sie sich danach.

- Arbeiten Sie visuell. Halten Sie Ihre Listen und Pläne immer in Sichtweite.

- Planen Sie sowohl berufliche als auch private Termine fest in Ihren Kalender ein. Zu schnell tendieren Sie dazu, sich auf der einen oder anderen Seite zu verzetteln.

- Lernen Sie, anderen Menschen „Nein“ zu sagen. Mehr dazu in Abschnitt 11 und 33.

32 Zeitmanagement und Transaktionsanalyse

Man kann in Kinder nichts hineinprügeln, aber vieles herausstreicheln. Astrid Lindgren

Wie erging es Ihnen in der Vergangenheit mit Zeitmanagement-Methoden? Haben Sie die Erfahrung gemacht, dass Sie die Inhalte des Zeitmanagements verstanden haben, aber immer wieder in altes Fahrwasser kommen? Das kann ganz unbewusste Ursachen haben.

Wir möchten Ihnen – sehr verkürzt – die Transaktionsanalyse (TA) vorstellen. Die TA ist eine aus der Freud'schen Psychoanalyse abgeleitete Theorie. Sie besagt, dass in jedem Menschen drei Persönlichkeitsbereiche vorhanden sind: Das Eltern-Ich (EL), das Kindheits-Ich (KI), das Erwachsenen-Ich (ER). Dabei wechseln wir immer wieder vom einen in den anderen Persönlichkeitsbereich. Unser Verhalten im EL und KI ist vor allem geprägt durch unsere (früh-)kindliche Erziehung. Als Erwachsener erkennt der gesund gereifte Mensch das typische Verhalten von Eltern und auch das von Kindern. So kann er mündig (und reflektiert) agieren, braucht andere nicht zu bevormunden und muss sich selbst nicht bevormunden lassen.
Tatsächlich ist es aber im Alltag so, dass bestimmte Aussagen unseres Umfelds eine Reaktion auslösen, die zum EL oder KI gehören, obwohl man bereits ein erwachsener Mensch ist. Das heißt, man tut oder sagt etwas, das man eigentlich nicht möchte. So antwortet man wirsch, abweisend, autoritär, beleidigt, verunsichert, kleinlaut ... – alles Reaktionen, die nicht unbedingt helfen, Kommunikation zu erleichtern. Dazu ein konkretes Beispiel auf der gegenüberliegenden Seite.

Hier ein Beispiel für eine Transaktion (Wechselbeziehung). Stellen Sie sich vor, ein Kunde tritt autoritär auf und behandelt Sie wie ein kleines Kind. Wie könnten Sie reagieren?

Kunde: „Jetzt reden Sie mal nicht um den heißen Brei, sondern kommen endlich zum Punkt!"
Berater: „Entschuldigen Sie bitte, ich beeile mich ja schon."

Der Kunde spricht den Berater aus dem Eltern-Ich als „Kind" an. Der Berater antwortet im Kindheits-Ich – und fühlt sich womöglich bevormundet und unterlegen.

Wie würde die Antwort des Beraters aussehen, wenn er im Erwachsenen-Ich antworten würde? Vielleicht so:

Kunde: „Jetzt reden Sie mal nicht um den heißen Brei, sondern kommen endlich zum Punkt!"
Berater: „Scheinbar erzähle ich Ihnen gerade zu viel.
Was genau wollen Sie nun noch von mir wissen?"

Obwohl der Kunde den Berater als „Kind" anspricht, antwortet dieser im mündigen Erwachsenen-Ich. Eine emotional „komische" Situation wird unterbunden, in der sich der Berater evtl. unterlegen fühlen würde. Die ungesunde Transaktion wurde „durchkreuzt".

Wie viel mehr diese ganze Thematik mit Zeitmanagement zu tun hat, lesen Sie auf den nächsten Seiten.

33 Ich tue manchmal, was ich gar nicht möchte

Eine gute Schwäche ist besser als eine schlechte Stärke.
CHARLES AZNAVOUR

Auf Grundlage der TA wurde von den Amerikanern Taibi Kahler und Hedges Capers in den 70er Jahren das innere Funktionsmodell entwickelt. Es beschreibt fünf verinnerlichte Lebensregeln, die vor allem aus den Erfahrungen der Kindheit mit den Eltern herrühren. Diese Lebensregeln sind auch als „Innere Antreiber" bekannt und tragen dazu bei, diszipliniert und erfolgreich zu sein; führen aber auch zu Druck und Überforderung, wenn immer wieder (unbewusst) im Kindheits-Ich reagiert wird.
Die fünf Antreiber lauten:
• Sei perfekt! • Beeil dich! • Streng dich an!
• Mach es allen recht! • Sei stark!

Wichtig für das Thema Zeitmanagement ist die Tatsache, dass diese Antreiber unbewusst ablaufen. Wie also soll ich jemandem eine Bitte abschlagen und konkret „Nein" sagen, wenn mein starker unbewusster Antreiber „Mach es allen recht!" lautet. Alle erlernten „Nein-Sage-Techniken" lösen dann nur ein schlechtes Gewissen mit dem Wunsch zur Wiedergutmachung aus.
Was hilft es zu wissen, dass das Pareto-Prinzip bedeutet, mit 20% Aufwand schaffe ich 80% des gewünschten Ergebnisses, wenn ich angetrieben bin von „Sei perfekt!" und mich nur mit einem 110%igem Ergebnis zufrieden gebe.
Manche Zeitmanagement-Werkzeuge werden nur funktionieren, wenn ich mir dieser Zusammenhänge bewusst bin. Wenn ich meine (übertriebenen) Antreiber kenne, kann ich mich im Erwachsenen-Ich bewusst dagegen entscheiden. Dies gelingt dann am besten, wenn ich die Antreiber durch „Erlauber" ersetze.

Lernen

Die fünf Antreiber

Sei perfekt!: Starker Antrieb, alles noch besser machen zu wollen und dabei kein Ende zu finden. Die Perfektion steht über Aufwand und Kosten. Ein häufiger Begleiter ist die Angst vor Versagen und der Hang zur übertriebenen Genauigkeit.

Beeil dich!: Empfinden, mit den Aufgaben nicht fertig zu werden – deshalb fühlt man sich permanent gehetzt. Aufgaben werden begonnen, aber nicht zu Ende gebracht. Das Zeitmanagement ist kurz gesagt chaotisch.

Streng dich an!: Das Leben ist hart, es wird einem nichts geschenkt. Die Angst, andere könnten besser sein, treibt einen an. Sollte etwas nicht gleich gelingen, fällt es schwer, Alternativen zu finden und umzusetzen.

Mach es allen recht!: Der Wunsch, andere zufrieden zu stellen treibt einen an, denn dann fühlt man sich geliebt. So fällt es schwer, jemanden mit einem „Nein" vor den Kopf zu stoßen. Ständig ertappt man sich dabei, Verantwortung für das Gefühlsleben anderer zu übernehmen. Weil man sich auf die anderen konzentriert, fällt es schwer, eigene Wünsche und Ziele zu formulieren.

Sei stark!: Man darf keine Gefühle zeigen, denn dies könnte als Schwäche ausgelegt und von anderen ausgenutzt werden. So fällt es schwer, Hilfe anzunehmen. Vielmehr sollen die anderen auf einen zukommen, da man ja viel weiß und kann. Andere empfinden das als arrogant.

34 Innere Antreiber effektizient nutzen

Auch eine schwere Tür hat nur einen kleinen Schlüssel nötig.
CHARLES DICKENS

Wäre es so leicht, die inneren Antreiber einfach „auszuschalten" oder durch „Erlauber" zu ersetzen – Sie hätten es schon längst getan. Denn die Antreiber sind nicht nur Glaubenssätze, die uns immer wieder an unsere Grenze und zur Verzweiflung bringen, sondern – in einem gesunden Maße ausgelebt – erzielen wir mit ihnen großartige Ergebnisse.

- „Sei perfekt!" fördert den gründlichen, zuverlässigen Experten.
- Wer nach dem Antreiber „Beeil Dich!" handelt, ist dynamisch und temporeich.
- Große Einsatzbereitschaft zeigen Menschen mit dem Antreiber „Streng dich an!"
- Empathie und Hilfsbereitschaft stehen im Vordergrund, wenn „Mach es allen recht!" die treibende Kraft ist.
- „Sei stark!" stellt die belastbare und unabhängige Einstellung einer Person in den Vordergrund.

So wird eines im Zusammenhang mit Zeitmanagement deutlich – freie Entscheidungen können wir erst dann treffen, wenn wir nicht mehr von unbewussten Dynamiken gelenkt werden. Erst dann entsteht die Freiheit, ... Fehler zu machen, ... mit Muße zu handeln, ...es locker anzugehen, ... sich selbst etwas zu gönnen und ... Schwächen zu zeigen. Wer um seine Antreiber weiß, hat den ersten Schritt getan, sich „Erlauber" zu gönnen und diese in den Arbeitsalltag einfließen lassen.

Kennen Sie Ihre Antreiber?

Durch welchen Antreiber sind Sie besonders gefährdet? Beschreiben Sie typische Situationen, worin Sie diese Antreiber erkennen.

Welche „Erlauber“ möchten Sie in Zukunft an die Stelle Ihrer Antreiber setzen? Schreiben Sie eine „Erlauber-Liste“ und hängen Sie diese in Sichtweite Ihres Schreibtisches auf.

Da das Thema der Antreiber unbewusst abläuft, braucht es häufig Hilfe von außen. Falls Sie sich in diesem Thema erkannt haben, raten wir Ihnen zu einem persönlichen Coaching mit einem professionellen Coach.

Nicht erkannte hohe Antreiber sind erhebliche Auslöser eines Burnout – viel wesentlicher als ein stressiges Arbeitsumfeld oder eine lange Arbeitswoche.

35 Herzinfarkt und Burnout

Wer nicht jeden Tag etwas für seine Gesundheit aufbringt, muss eines Tages sehr viel für die Krankheit opfern.
Sebastian Kneipp

Was passiert, wenn nichts passiert? Was passiert, wenn wir unsere inneren Antreiber nicht gezähmt bekommen? Was, wenn wir kein Maß finden, mit unserer Zeit verantwortungsvoll umzugehen? Was, wenn wir Raubbau an unseren Ressourcen betreiben? Lassen Sie es uns drastisch sagen: Dann haben wir die Wahl zwischen Pest und Cholera.

Unser Körper lässt sich ziemlich lange überlisten, bevor er die Segel streicht. Während uns dabei Genussmittel behilflich sind, sind es genau jene Genussmittel, die uns langsam aushöhlen und uns über eine Grenze bringen, hinter der wir zerbrechen. Wobei es auch gänzlich ohne Alkohol und Nikotin geht.
Unbearbeitete innere Antreiber, schlechte Ernährung, dauerhaft zu wenig Schlaf, beruflicher und privater Stress – all das unterstützt einen fatalen Kreislauf, in dem der Körper und die Seele nicht mehr zur Ruhe finden.

Die einen landen im Burnout, die anderen bekommen einen Herzinfarkt. Oder andere Krankheiten, deren Namen man in der Regel dann erst kennen lernt. Wenn es schon nicht die wirtschaftliche Situation ist, die Sie zu einem bewussten Selbst- und Zeitmanagement nötigen, so sollten Sie zumindest nach sich selbst schauen. Das Leben ist zu kurz, diesen Teil den Ärzten zu überlassen. Deshalb wird der Fokus am Ende des Buches auf den Bereich der Work-Life-Balance gelegt. Es ist nie zu spät, das Richtige zu tun!

Planen

Hand auf's Herz: Wie gehen Sie mit sich selbst um? Treiben Sie sich, Ihren Körper und Ihre Seele immer wieder zu Höchstleistungen oder haben Sie es gelernt, auf Ihre innere Stimme zu hören, die manchmal zart und leise sagt: „Es reicht!"

Was glauben Sie, würde Ihr Partner/Ihre Partnerin oder ein Freund/eine Freundin zu Ihnen sagen, wie Sie mit sich selbst und mit Ihrem Körper umgehen? Versetzen Sie sich in deren Sichtweise und machen Sie sich selbst bewusst, was man von Ihnen wahrnimmt.

Wie geht es Ihnen mit der (hypothetischen) Antwort?

Was läuft gut, wo sollten Sie etwas verändern?

Websites zur Einschätzung Ihrer Burnout-Gefährdung finden Sie in Abschnitt 38.

36 Work-Life-Balance

Arbeit als Flow

Man muss leben, als hätte man hundertfünfzig Jahre Zeit. Hast ist der Feind des Lebens. THORNTON WILDER

Bei Work-Life-Balance geht es nicht darum, Freizeit, Familie und Hobbys zu fördern und in einen Ausgleich zum Arbeitsalltag zu bringen. Work-Life-Balance heißt, alle positiven Momente des Lebens wahrzunehmen und wertzuschätzen und dabei keinen Lebensbereich auf Kosten eines anderen zu vernachlässigen.

Vielleicht erscheint Ihnen der Fokus der nächsten Kapitel zu sehr auf „Life" als auf „Work" zu liegen. Das tut er nur, wenn wir in erster Linie in Entweder–oder–Kategorien denken. Work-Life-Balance fordert Sie auf, Ihre Rollen (Abschnitt 12) ganzheitlich zu sehen und wichtige Aspekte Ihrer Rollen im sowohl-als-auch zu integrieren.

In einer Studie* zum Thema *„flow"* wurden über hundert Männer und Frauen eine Woche mit einem Piepser ausgestattet, der sich am Tag bis zu achtmal unregelmäßig meldete. Die Teilnehmer wurden gebeten, bei jedem Signal in einem Fragebogen Angaben zu ihren Tätigkeiten in ganz bestimmter Weise zu geben, die es ermöglichte, den Grad der Zufriedenheit und des flow-Zustandes zu bewerten.

Im Ergebnis wurden häufiger im Arbeitsumfeld von flow-Erfahrungen als in der Freizeit berichtet. Trotzdem drückten die Teilnehmer während der Arbeit viel häufiger aus, lieber etwas anderes zu tun, als sie das taten, während sie sich in ihrer Freizeit befanden. Dies lässt die Schlussfolgerung zu: Arbeit kann in unserer kulturellen Prägung zwar erfüllend und inspirierend sein, doch wichtiger ist Freizeit. Dabei verpassen wir die Wahrnehmung beglückender Augenblicke des Arbeitsalltags!

Handeln

Gutes Zeitmanagement wirkt sich im Zusammenspiel der unterschiedlichen Rollen und Lebensbereiche aus. Wir dürfen die Spannung zwischen Arbeit und Freizeit, zwischen Geschäftsbeziehungen und Freundschaften stehen lassen – umso mehr aber wollen wir beglückende, motivierende und inspirierende Momente bewusst machen und erleben.

Dabei hilft es, Achtsamkeit zu entwickeln.

- Achtsamkeit für dankbare Situationen.
- Achtsamkeit für schöne Augenblicke.
- Achtsamkeit für flow-Aktivitäten.

Halten Sie immer wieder inne, am besten regelmäßig, entweder am Abend oder zum Wochenende.

- Was war gut an diesem Tag / in dieser Woche?
- Was kann ich schätzend anerkennen?
- Worüber kann ich mich freuen und dankbar sein?
- Was ist mir gelungen?
- Was habe ich heute dazu gelernt?

*Der Vater der *flow*-Forschung ist Mihaly Csikszentmihalyi (sprich: Tschik Sent Mihäji). Als flow bezeichnet die Psychologie einen Zustand, der bei der Fokussierung und Konzentration auf eine komplexe Aufgabe, verbunden mit positiven Ergebnissen, auftritt.
Es ist ein Zustand, den die meisten von uns schon einmal erlebt haben. Dabei vergessen wir, was um uns herum geschieht; die Zeit wird subjektiv als unendlich lang oder verschwindend kurz empfunden. Modellbau, Puzzeln, Rätselspaß, ein Instrument spielen, Klettern - diese und viele andere Aktivitäten eignen sich, um in den Zustand des flows, eines intensiven Glücksgefühls, verbunden mit einer großen inneren Zufriedenheit, zu kommen.
Vgl. Mihaly Csikszentmihalyi. Flow: Das Geheimnis des Gücks. Klett-Kotta. S. 208ff.

37 Familie und Freunde

Es ist schlimm, erst dann zu merken, dass man keine Freunde hat, wenn man Freunde nötig hat. PLUTARCH

Sehr emotional erzählte er vom Tod seines Vaters. Wie für orthodoxe Griechen üblich, war er noch ein paar Tage zu Hause aufgebahrt worden, damit die Familie entsprechend Abschied nehmen konnte. Er berichtete, wie ihn ein Onkel zur Seite nahm und mit gedämpfter Stimme fragte: „Und, hat dein Vater viel zurück gelassen?" Plötzlich blitze in seinen Augen Leidenschaft auf und mit lauter Stimme gab er die Antwort an den Onkel wieder: „Was meinst du damit, hat er viel zurück gelassen? Alles hat er zurück gelassen, er konnte nichts mitnehmen!"

Sehr anschaulich hatte Georgis auf den Punkt gebracht, was wir manchmal im Leben vergessen: Am Ende bleibt alles Materielle zurück – doch Beziehungen zur Familie und Freunden überdauern in unserer Erinnerung auch diesen Augenblick.

Was trägt in Zeiten der Not? Wo kann ich mich anlehnen? Was stützt in einer Krise? Freundschaften! Warum aber vernachlässigen wir so häufig diesen Lebensbereich, um noch ein Geschäft zum Abschluss zu bringen, nur um dann schmerzhaft festzustellen: Es ist niemand mehr da, um den Erfolg zu feiern?

Auch wenn Geld die Sache ungemein erleichtert, es ist nicht alles! Das sollten wir uns immer wieder vor Augen führen. Keiner hat jemals auf dem Sterbebett gesagt, er hätte zu wenig Zeit im Büro verbracht. Den Mangel an Zeit mit den Kindern, dem Partner und den Freunden haben dagegen schon viele bedauert!

Handeln

Auf welche Menschen können Sie in Zeiten der Not zählen?

Was tun Sie, um diese Beziehungen zu pflegen?

Haben Sie Kinder? Dann fragen Sie Ihre Kinder doch einmal, was sie denken, was Ihnen im Leben am wichtigsten ist.

Planen Sie regelmäßig Zeiten mit Ihrer Familie und Freunden. Wenn die Beziehungen stimmen, sind Sie auch im Beruf leistungsfähig!

38 Gesundheit und Ernährung

Man soll dem Leib etwas Gutes bieten, damit die Seele Lust hat, darin zu wohnen. WINSTON CHURCHILL

Sie ist die wichtigste Ressource eines Vertrieblers und damit meinen wir nicht Laptop, Lead oder Leidenschaft, sondern die Gesundheit. Geistige Fitness, eine schnelle Auffassungsgabe, Flexibilität – all das braucht es im Gespräch mit den Kunden. Wer zu wenig schläft, schlecht isst und regelmäßig zu viel Alkohol trinkt, braucht sich nicht zu wundern, wenn er geistig nicht auf der Höhe ist.

Dabei geht es nicht um Vitaminkuren, Darmentschlackung und alle möglichen präventiven Medikamente. Hier geht es einfach darum zu erkennen, dass auch der Körper eine endliche Ressource ist – genau wie die Zeit.

Wenn ich dabei nur Raubbau betreibe, gerät mein Motor ins Stocken. Lasse ich jede Inspektion aus, bricht das System irgendwann zusammen. Nur in der Pflege und Wartung halte ich meine Leistungsfähigkeit aufrecht. Das ist mit dem Körper nicht anders als bei einem Motor.

Krankheiten ordentlich auskurieren, regelmäßige gesunde Mahlzeiten und genug Schlaf sind wenige Eckpunkte, die einen großen Unterschied in der geistigen und körperlichen Fitness bewirken. Dementsprechend ist die Herausforderung, den Tag zu strukturieren, Pausen einzuplanen und auf Dauer das Schlafpensum zu bekommen, das der Körper braucht. Letztendlich geht es nicht um den schnellen Gewinn, sondern um Beständigkeit und langfristigen Erfolg.

Handeln

Wann waren Sie das letzte Mal beim Arzt? Gibt es Beschwerden, die Sie verdrängen? Wann machen Sie den nächsten Gesundheits-Check bei Ihrem Hausarzt?

Wie sieht Ihre Ernährung aus? Wie viel frische Lebensmittel, Obst und Gemüse, nehmen Sie zu sich? Wie viel Zeit nehmen Sie sich für Ihre Mahlzeiten?

Wie sind Ihre Schlafgewohnheiten? Planen Sie Termine so, dass Sie die Möglichkeit haben, genug Schlaf zu bekommen? Leiden Sie unter Schlafstörungen? Das wäre ein mögliches Zeichen von Überlastung.

Burnout-Selbsttest der Universität Zürich:
www.fzkwp.uzh.ch/services/Stressmgmt/ZEP-1/Fragebogen.html

Burnout-Selbsttest bei psychomeda:
www.psychomeda.de/online-tests/burnout-test.html

39 Sport

Ich bin körperlich und physisch topfit.
THOMAS HÄSSLER (FUSSBALLER)

Ein gesundes Zusammenspiel von Körper, Seele und Geist setzt einen gesunden Umgang mit unserem Körper voraus. Dabei fängt Sport nicht erst im Fitness-Studio an. Viele kleine Übungen lassen sich ohne zeitlichen Aufwand in unseren Alltag einbauen. Ein paar Ideen dazu finden Sie auf der gegenüberliegenden Seite. Zwei von uns bevorzugen das regelmäßige Laufen. Wobei wir großen Wert auf die Tatsache legen, dass es auf die Regelmäßigkeit und nicht auf die Geschwindigkeit ankommt. Wir haben festgestellt, dass es gleich mehrere positive Aspekte hat. So kann man es fast immer und überall tun. Schuhe ins Gepäck, dazu Hose und T-Shirt und schon kann es losgehen. Beim Laufen kann man seinen Gedanken nachgehen, den Tag und die Woche Revue passieren lassen, Anspannung abbauen.
Ausdauersport ist gut für den Kreislauf, stärkt das Herz und beansprucht viele unterschiedliche Muskelgruppen. Unterstützen lassen sich diese Bemühungen durch Radfahren (auch zu Hause auf dem Ergometer) und durch regelmäßiges Schwimmen. Ganz nach dem Motto der Sportartikelfirma ASICS: Anima Sana in Corpore Sano. Dies heißt sinngemäß auf deutsch: Eine gesunde Seele in einem gesunden Körper. Nebenbei verschafft man sich Erfolgserlebnisse, wenn man selbst wieder einmal den inneren Schweinehund überwunden hat. Das Selbstbewusstsein wird gesteigert, man bekommt ein besseres Körpergefühl. All das fließt dann in Ihre Ausstrahlung ein – wobei wir wieder bei Ihrer wichtigsten Ressource sind. In diesem Sinne, wagen Sie sich an Ihre guten Vorsätze und fangen Sie mit der Umsetzung an!

Handeln

Nicht jeder möchte gleich Marathonläufer werden, doch gibt es viele Möglichkeiten, Bewegung in unseren Alltag einfließen zu lassen und fit zu bleiben. Hier ein paar Ideen:

30 Minuten
Jeden Tag mindestens 30 Minuten Bewegung, am besten an der frischen Luft. Geeignet sind Radfahren, Spazieren gehen, Gartenarbeit, Joggen oder jede andere Art von Sport.

Rolltreppe, Aufzug oder Treppe?
Immer nach den Treppen schauen und nach Möglichkeit diese benutzen.

Minutentraining

- Zähneputzen in der Ski-Abfahrtshocke und leicht wippen.
- Nach dem Duschen übertrieben gymnastisch abtrocknen.
- Rasieren grundsätzlich auf einem Bein, genauso Hemd und Bluse zuknöpfen, Krawatte binden, Schmuck anlegen.
- Wenn man irgendwo warten muss: Auf der Stelle gehen.
- Beim Warten im Auto, zehn Sekunden gegen das Lenkrad drücken, Gesäßmuskeln anspannen, Schultern kreisen.

Mehr Ideen bei Gert von Kunhardt:
Keine Zeit und trotzdem fit: Minutentraining für Vielbeschäftigte.

40 Regenerationsoasen

Die Kunst des Lebens besteht darin, dem Alltag immer wieder Sonntage abzugewinnen. Ernst Ferstl

Ein kleiner Espresso im Straßencafé, ein fünfzehnminütiger Waldspaziergang, eine kurze Pause auf dem Rastplatz inklusive Stretching oder ein kleines Mittagspausennickerchen – es braucht nicht viel, um sich eine Phase der Regeneration zu gönnen. Wer nur auf den Urlaub oder das Wellness-Wochenende hin lebt, vergisst, dass Leben und Genuss sowie Arbeit und Leistung auch miteinander gelebt werden können. Es kommt auf die Mischung an! Wenn Sie mit der Bahn zum Kunden fahren, laufen Sie doch bei trockenem Wetter das letzte Stück vom Bahnhof zum Gesprächstermin. Das ist nochmals Ruhe vor dem Sturm, bewusstes Ausspannen, aber auch Gedanken sammeln. Selbst in diesen kurzen Momenten kann man neue Kraft tanken. Außerdem habe ich (Gernot) mir angewöhnt, regelmäßig ans Meer zu fahren – gerne auch mit meiner Frau – und mir dort einen leckeren Capuccino zu gönnen. Diese zwei bis drei Stunden Auszeit fühlen sich wie ein Kurzurlaub an. Nun wohnt nicht jeder an der Ostsee und trotzdem gibt es sicherlich auch bei Ihnen diese Regenerationsoasen. Meine eindrücklichste Regenerationsoase habe ich in England im Jahre 2000 kennen gelernt. Ein Bekannter führte meine Frau und mich ins Ockenden Manor in Cuckfield, ein Hotel in einem Gebäude aus dem 16. Jahrhundert, ein Ort wie aus einem Märchen (ich wünschte, ich könnte Ihnen ein Foto zeigen)*.
Im Sitting Room hatten wir Tee und Kaffee – und fühlten uns wie die Windsors. Obwohl dieses Ereignis über zehn Jahre zurückliegt, hat es sich in meiner Erinnerung als besonders inspirierend und erholsam eingebrannt. Wo liegt Ihre persönliche Regenerationsoase?

Handeln

Was tut Ihnen gut?

Ein Waldspaziergang? Ein Latte Macchiato in der Lobby eines 5-Sterne Hotels? Oder doch lieber bei Starbucks ein gutes Buch lesen?

Kennen Sie die Regenerationsoasen in Ihrer Region? Interviewen Sie Ihre Freunde und Nachbarn und lassen Sie sich Geheimtipps geben!

* www.hshotels.co.uk/hotels/ockenden-manor.html

Autoren

Oliver J. Mack
Jahrgang 1971, verheiratet mit Simone. Lebt mit seiner Familie (drei Kinder) in Stuttgart. Arbeitet in ganz Deutschland, besonders gerne auch im ICE und bei Starbucks. Nach einem BWL-Studium arbeitet er seit 20 Jahren in der Finanzdienstleistungbranche, zuerst im Vertrieb, seit zehn Jahren in unterschiedlichen Führungsfunktion bei der Hoesch & Partner GmbH Versicherungmakler, wo er aktuell die Position des Chief Operation Officers (COO) inne hat. Im ICE oder bei Starbucks schreibt er gerne ein paar Zeilen und wenn es genug sind, die sich um das gleiche Thema drehen, wird ab und an ein Buch daraus.
www.hoesch-partner.de

Thomas Misch
Der Wahlkölner (Jahrgang 1959) ist seit über 20 Jahren verheiratet und hat einen erwachsenen Sohn. Nach nunmehr 30 Jahren in leitenden Funktionen in der Finanzdienstleistungsbranche, davon 15 Jahre in Interimsaufgaben, kennt er sich aus, mit der Anwendung diverser Zeitmanagementansätze und hat sie nachhaltig in den Unternehmen angewendet. Zu seinen Kunden gehörten Maklerunternehmen, Versicherer und Banken.
www.misch-consulting.de

Gernot Rettig
Jahrgang 1969, gebürtiger Schwabe, wohnt seit 2005 mit seiner Familie in Rostock an der schönen Ostsee. Er liebt Herausforderungen und wechselnde Lebenskonzepte.
Nach einem Musikstudium machte er eine Ausbildung zum Bankkaufmann. 1996 wurde er Pastor einer freikirchlichen Gemeinde bei Stuttgart und absolvierte parallel dazu ein Theologiestudium. 2005 zog er nach Rostock, um dort mit Freunden den gemeinnützigen Verein „Aufwind e.V." aufzubauen, der sich v.a. für Kinder aus benachteiligten Familien einsetzt. Seit 2009 ist er selbständig. Neben seinen Reden auf Hochzeiten und Beerdigungen liebt er es, Menschen in Einzelcoachings zu begleiten und als systemischer Coach und Berater, Teams zu entwickeln.
www.gernotrettig.com

Oliver J. Mack
Thomas Misch
Eva Barjiji

Conversion

40 Schritte zu Neukunden mit Versicherungs-Leads aus dem Internet

Vertrieb ist dann erfolgreich, wenn er den Puls der Zeit fühlt. Und da gab es in den letzten Jahren im Versicherungsvertrieb einige Ausschläge zu registrieren, getrieben vor allem von zwei Entwicklungen: Gesetzesreformen und Internet. Über die Vermittlerrichtlinie und die VVG-Reform gibt es endlos Literatur. Über die Auswirkungen des Internets auch, aber vieles ist sehr theoretisch.
Conversion ist ein sehr pragmatisches Buch, das sich der Frage stellt: Wie kann man mit Anfragen aus dem Internet (Leads) erfolgreich Versicherungen verkaufen? Und da sich etwa 75% der Menschen, die eine Versicherung abschließen, im Netz informieren, muss sich jeder mit dieser Frage beschäftigen, der vertrieblich am Puls der Zeit sein will. Conversion liefert praktische Anworten.

Format 12,5 x 19 cm, 96 Seiten, Paperback,
Best.-Nr. 277110, Euro 12,80/sFr 20,50
ISBN 978-3-941801-10-3